HISTOIRE

DU

CALCUL DES PROBABILITÉS

DEPUIS SES ORIGINES JUSQU'A NOS JOURS

DE L'IMPRIMERIE DE CRAPELET
RUE DE VAUGIRARD, 9

l'assemblée nationale
hommage du respect — et de l'affection de l'auteur
Ch Gouraud

HISTOIRE

DU

CALCUL DES PROBABILITÉS

DEPUIS SES ORIGINES JUSQU'A NOS JOURS

PAR

CHARLES GOURAUD

DOCTEUR DE LA FACULTÉ DES LETTRES DE PARIS

> « Conservons avec soin, augmentons le dépôt de ces hautes connaissances, les délices des êtres pensants. »
>
> LAPLACE.

AVEC UNE THÈSE

SUR LA LÉGITIMITÉ DES PRINCIPES ET DES APPLICATIONS DE CETTE ANALYSE

PARIS

LIBRAIRIE D'AUGUSTE DURAND

RUE DES GRÈS, 3

—

1848

A M. J. B. ROYER

A Mme Ve M. C. ROYER

A Mme J. B. ROYER

HOMMAGE

DE RECONNAISSANCE FILIALE

HISTOIRE

DU

CALCUL DES PROBABILITÉS,

DEPUIS SES ORIGINES JUSQU'A NOS JOURS.

Origines du Calcul des probabilités : — Pascal en donne le premier exemple, — Fermat la première méthode. — Cette grande découverte reste inconnue. — Travaux de Huyghens, de Jean de Witt et de Halley, — de Sauveur. — Obscurité où ils demeurent. — Causes de cette longue indifférence. — Jacques Bernoulli y met enfin un terme : — Analyse de l'*Ars conjectandi*. — Cet ouvrage reste huit ans dans les papiers de l'auteur. — Publication faite dans l'intervalle par de Montmort, — Sur les idées de Leibnitz. — Controverse à laquelle elle donne lieu entre l'auteur, Jean Bernoulli, Nicolas Bernoulli et de Moivre. — Publication de l'*Ars conjectandi*. — Vaste et décisive influence de cette publication. — Elle détermine toute la suite des travaux du XVIIIe siècle. — Première époque de ces travaux : période d'érudition et de statistique. — Deuxième époque ou les temps analytiques du Calcul des probabilités : — Belles études de — de Moivre, —

1

D. Bernoulli, — Buffon, — d'Alembert, — Euler, — Bayes, — Lagrange et Laplace. — Une époque d'applications succède à ces travaux d'analyse : — Price, — Euler, — Buffon, etc., — Laplace. — Dernière époque du Calcul au XVIIIe siècle ou ses applications aux sciences morales : — Condorcet. — Tâche du XIXe siècle. — Laplace la recueille et la remplit : — Analyse de la *Théorie analytique*, — de l'*Essai philosophique*. — Caractère de ces grands ouvrages. — Influence du dernier. — Travaux de l'école de Laplace : — Applications du Calcul aux sciences politiques et physiques. — Reprise des applications aux sciences morales : — M. Poisson. — Travaux de l'école contemporaine. — Conclusion.

En l'année 1654, un joueur, le chevalier de Méré, bel esprit, alors fort répandu dans le monde, venait proposer à Pascal deux difficultés de jeu, dont la réflexion ni l'expérience n'avaient pu, quoi qu'il fît, lui procurer la solution. L'objet de la première était de savoir en combien de coups on pouvait parier avec avantage d'amener sonnez avec deux dés; celui de la seconde, de trouver une règle, pour faire entre deux joueurs, inégalement partagés en points, et qui convenaient de se séparer sans attendre la décision du sort, une distribution du fonds commun des mises, exactement proportionnée à la valeur des droits que la fortune de la partie leur avait jusque-là réciproquement assurés, et à celle des espérances que l'état présent du jeu leur permettait de concevoir encore[1].

L'occasion la plus imprévue peut susciter soudain la découverte la plus rare.

L'histoire en offre ici un mémorable exemple.

Les frivoles difficultés que le chevalier de Méré soumettait à Pascal donnaient lieu à un genre d'étude entièrement inconnu.

Il s'agissait d'y mesurer le degré mathématique de croyance dont pouvaient être dignes de simples conjectures.

Personne encore n'avait imaginé de porter cette rigueur et cette exactitude dans l'appréciation de la vraisemblance; et aucun précédent[2] n'autorisait même à penser qu'il fût possible

[1] Pascal, lettre à Fermat du 29 juillet 1654.

[2] Les anciens paraissent avoir entièrement ignoré cette sorte de calcul. L'érudition moderne en a, il est vrai, trouvé quelques traces dans un poëme en latin barbare intitulé : *De Vetula*, œuvre d'un moine du Bas-Empire, dans un commentaire de Dante de la fin du xve siècle, et dans les écrits de plusieurs mathématiciens italiens du moyen âge et de la renaissance, Pacioli, Tartaglia, Peverone; mais ces essais grossiers, d'une analyse extrêmement fautive et restés tous également stériles, ne sont dignes des regards ni de la critique ni de l'histoire. Pascal en ignora jusqu'à l'existence, et quand il les eût connus, ils n'eussent pu lui servir ni de guides, ni de modèles.

d'employer l'analyse à un usage aussi détourné et aussi hardi.

Pascal en fit l'épreuve et trouva dans son génie le secret d'y réussir.

A l'aide de raisonnements d'une invention toute nouvelle, il fit d'abord un dénombrement complet de tous les événements que dans le cours des parties de jeu, sujet de cette recherche, le sort abandonné à sa nature, pouvait indifféremment arriver à produire : de toutes les sortes de points que le jet simultané de deux dés pouvait également amener sur le tapis, de tous les genres de coups imaginables qui, à partir d'un moment donné dans la suite interrompue du jeu en pouvaient ou changer ou modifier l'issue; il supputa exactement aussi quelle quantité déterminée d'hypothèses, dans l'ensemble universel de tous ces cas du sort, se montraient exclusivement favorables à la production des événements dont on lui demandait d'estimer la vraisemblance : de combien de manières le point de sonnez était susceptible de se faire avec deux dés, combien de coups particuliers pouvaient en l'état actuel du jeu assurer séparément à chacun des deux joueurs le gain du fonds des mises en tout ou en partie ; et, comparant alors au nombre de tous les cas possibles le nombre de ces cas plus favorables que les autres, il obtint de leur comparaison un nombre intermédiaire et commun, double expression des chances proportionnelles des événements choisis dont il s'agissait de calculer l'arrivée, et de la valeur des opinions que l'esprit à l'avance pouvait en concevoir.

Cet exemple remarquable, le premier qu'on eût jamais vu de l'emploi des mathématiques en pareilles matières, bien que fort limité sans doute dans l'étendue de son application, et réduit de tout point encore aux proportions d'un simple coup d'essai, démontra cependant, avec la dernière clarté, que l'exact degré de vraisemblance des événements à venir les plus aventurés eux-mêmes était, en certains cas du moins, susceptible d'une appréciation rigoureuse; et que, maniée par des mains habiles, l'analyse parvenait à calculer les quantités de croyance dont les plus fugitives conjectures méritent d'être jugées dignes avec autant de sûreté que les quantités naturelles sur lesquelles ordinairement elle opère : démonstration étonnante, qui révélait soudain dans l'intelligence de l'homme un ressort inconnu, inactif durant des siècles et dont personne encore ne pouvait exactement prévoir ni toute la portée ni toute la puissance.

Un enseignement nouveau vint bientôt cependant dévoiler quelle importance la découverte un jour en pouvait prendre.

Il y avait alors au parlement de Toulouse un magistrat du nom de Fermat, homme d'un esprit extraordinaire et l'un des plus grands inventeurs que les mathématiques aient jamais eus. Les occupations multipliées d'une charge dont les devoirs employaient religieusement toute sa vie laissaient à sa pensée bien peu de loisirs pour la science; si disputés cependant et si rares qu'ils pussent être, Fermat y trouvait encore le temps d'associer à jamais le souvenir de son génie à l'histoire des plus grands travaux de son siècle : de partager avec Descartes la découverte de l'application de l'algèbre à la géométrie, de dérober d'un trait de plume à Leibnitz et à Newton la gloire si débattue depuis des premières idées du Calcul différentiel, de faire revivre et de porter à une sublimité inouïe une arithmétique transcendante, autrefois connue des anciens, mais seulement ébauchée par eux, et d'y établir, entre autres vérités, un théorème dont la démonstration, restée dans son esprit, a depuis fatigué sans succès, et Euler, et Lagrange, et deux siècles. Une confraternité touchante de goûts et de génie unissait dès longtemps ce grand homme avec Pascal : ils correspondaient journellement sur le sujet de leurs études, et il n'arrivait jamais à l'un de faire quelque rencontre dans la science sans en conférer aussitôt avec l'autre. Fidèle à cette coutume, Pascal envoya d'abord à son ami toutes les pièces relatives à sa récente invention, l'énoncé des problèmes du chevalier, les solutions qu'il en donnait, et les analyses qui l'avaient conduit à ces solutions.

Demander l'avis d'un pareil inventeur sur le mérite d'une découverte était lui fournir au moins l'occasion de la perfectionner.

Ce fut en effet ce qui arriva. Fermat répondit à l'ouverture déjà si extraordinaire qu'on lui faisait, par une communication nouvelle plus hardie et plus savante encore.

Pascal, en résolvant les problèmes du chevalier, s'était strictement renfermé dans les conditions et les termes mêmes de leur énoncé; et, s'il était parvenu à déterminer avec une entière exactitude, dans le premier problème, la vraisemblance de l'arrivée du point de sonnez entre tous les points que peut amener le jet simultané de deux dés, dans le second, la vraisemblance comparative des différents coups, qui à partir d'un état fixe du jeu pouvaient assurer le gain de la partie à l'un des deux joueurs, les moyens qu'il avait employés à cette détermination, bien que fort ingénieux sans doute, étaient loin d'avoir encore toute la perfection désirable. Ses analyses manquaient de généralité. Limitées l'une et l'autre aux cas particuliers qu'elles avaient pour objet de résoudre, elles eussent été d'un très-difficile usage au delà, et leur marche en des difficultés du même genre, mais plus compliquées et plus étendues, n'eût pu servir ni de règle ni de modèle[1].

Fermat, d'un regard, vit la lacune, et d'un trait la combla[2].

Il existait déjà, mais tout à fait dans l'enfance[3], un artifice d'algèbre, connu seulement de quel-

[1] Cela ne fait aucun doute pour l'analyse d'ailleurs fort savante du problème d'enjeu, qu'on peut lire encore dans la lettre du 29 juillet. On n'a plus, il est vrai, le texte de celle que Pascal avait donnée du problème du sonnez. La lettre où il l'exposait, est, avec beaucoup d'autres de sa curieuse correspondance avec Fermat, ou égarée ou perdue. Mais elle était bien certainement dépourvue de généralité : ce qui reste de la correspondance le démontre clairement, et tout porte à croire, avec de Montmort (*Essai d'analyse* — AVERTISSEMENT, p. 32), qu'elle était identique à l'analyse particulière donnée depuis par Huyghens : *De Ratiociniis in ludo aleæ*, Prop. X-XII.

[2] Fermat, lettre à Pascal, du 25 septembre 1654.

[3] Il existait déjà sans doute un exemple accompli de synthèse combinatoire dans les *Premiers Analytiques*, mais l'art de combiner les grandeurs existait à peine. On peut juger de l'état où en était alors la méthode, dans l'écrit grossier : *Pietatis thaumata in Protheum parthenicum*, etc., qu'avait donné en 1617 un certain Van de Put, Flamand, qui se faisait appeler Erycius Puteanus.

ques géomètres, par le moyen duquel on pouvait trouver fort aisément toutes les manières possibles d'arranger entre elles un nombre quelconque de quantités données. C'est cet artifice, devenu depuis d'un si grand usage, qui sert maintenant de base à la théorie des combinaisons. Fermat imagina de l'employer à la résolution du second et du plus difficile des problèmes du chevalier, le problème de la répartition des enjeux en cours de partie entre joueurs inégalement favorisés du sort. Il le fit avec tant d'adresse et d'élégance qu'il parvint par cette voie nouvelle à trouver une règle pour partager l'indécise propriété d'un enjeu, non-seulement dans l'hypothèse particulière de la question qu'on proposait, c'est-à-dire entre deux joueurs seulement et à partir d'un moment unique et déterminé, mais dans toutes les hypothèses imaginables, entre un nombre quelconque et indéfini de joueurs et à compter de tous les moments possibles où il conviendrait d'interrompre la partie.

Le perfectionnement, en apparence peu considérable, était au fond de la plus grande importance.

En trouvant un moyen de déterminer la valeur mathématique d'une opinion humaine, indépendant de l'énoncé textuel de telle ou telle question, applicable hors des limites d'un problème particulier à une multitude de cas divers, Fermat faisait faire à l'invention de son ami un second pas qui équivalait presque à une invention nouvelle : à un exemple, il substituait une méthode.

Ce coup de génie confirma la découverte, la compléta et y mit le sceau.

Grâce à Pascal, la possibilité de traiter ainsi que des grandeurs, les éléments variables dont la valeur des opinions conjecturales la plupart du temps se compose, était devenue un fait public; grâce à Fermat, plus original encore que son grand devancier, l'esprit humain était mis en possession d'un instrument de plus, à l'aide duquel il pouvait désormais porter jusque dans ces régions à peine éclairées de la vraisemblance où la lumière du bon sens ne fait plus que vaciller et semble toujours près de s'éteindre, le flambeau de la géométrie.

Une science, sans racines dans le passé, et du plus brillant avenir, marqua dès lors son rang dans le système agrandi des connaissances humaines : c'est cette science étonnante et célèbre, qui, désignée longtemps sous des noms fort divers, a pris enfin [1] celui de Calcul des probabilités.

[1] Assez tard, et cette dénomination ne se substitua qu'insensi-

Il semble qu'une découverte aussi inattendue, faite en des circonstances si nouvelles, par les deux premiers[1] géomètres de ce temps, ait dû attirer sur soi les regards universels ; et l'imagination se représente tout ce qu'il y avait alors de mathématiciens et de philosophes en Europe, empressés autour des origines de la merveilleuse algèbre : il n'en fut rien, et ce Calcul des probabilités qui devait faire un jour un tel bruit dans le monde y entra au milieu de l'indifférence la plus complète et la moins méritée.

Le silence de ses inventeurs, le peu de soin que prirent et Pascal et Fermat de répandre la correspondance qui en contenait l'exposition et les principes, furent pour beaucoup d'abord dans l'inattention générale. Pascal avait un moment songé[2] à rendre cette exposition publique, mais bientôt des occupations différentes, la composition du *Traité de la Roulette*, celle des *Provin-*

blement à celle d'Analyse des hasards, qui d'abord avait prévalu, et qui était préférable.

[1] En 1654, Descartes était mort, Leibnitz et Newton ne faisaient que de naître, et Huyghens n'avait rien donné encore qui pût balancer la gloire des travaux de Pascal, ni surtout de Fermat.

[2] Voyez sa lettre latine à l'une de ces sociétés savantes qui précédèrent en France l'institution des Académies, *Celeberrimæ matheseos Academiæ parisiensi*, 1654. Il y promet de donner bientôt au public les éléments d'une science nouvelle et merveilleuse « qui a scellé l'alliance de la rigueur géométrique et de l'incertitude

ciales, employèrent exclusivement et ses loisirs et son génie, et peu après, il entra dans ce long et éloquent délire, où mort à la science comme au monde, il n'éprouvait plus pour les mathématiques elles-mêmes que du dégoût et du mépris. Quant à Fermat, il n'était personne sur la terre de qui on dût moins attendre qu'il fît connaître rien de ce qui pouvait intéresser sa gloire. Fermat était par excellence l'homme de ce siècle, où content du suffrage de quelques esprits d'élite, on jugeait inutile d'appeler sur soi l'attention de la foule : il suffisait à Fermat d'avoir perfectionné une invention de Pascal, et d'en avoir eu Pascal pour témoin.

Ces circonstances firent qu'il ne se divulgua presque rien du nouveau calcul, et qu'il demeura d'abord à peu près inconnu[1].

Mais d'autres causes évidemment aussi concoururent pour un temps à en comprimer l'essor.

du sort, et trouvé dans cette conciliation des contraires, un nom aussi surprenant que mérité, Géométrie du Hasard, *Aleæ Geometria*. »

[1] Roberval, comme le montrent les lettres de Pascal à Fermat du 29 juillet et du 24 août, fut le seul géomètre de distinction qui en eut d'abord connaissance, et, ce qui est assez extraordinaire, il ne put, ou comme dit Leibnitz (*Réplique aux réflexions de Bayle*), il ne voulut rien y comprendre.

La correspondance de Pascal et de Fermat ne parut d'ailleurs que vingt-cinq ans plus tard, dans les *Varia opera mathematica* de ce dernier, Tolosæ, 1679, in-fol.

Le secret des inventeurs eut beau éclater, en effet, des géomètres du plus grand renom eurent beau l'expliquer et le répandre, presque tout leur travail fut perdu : l'indifférence qui avait accueilli les premières rumeurs de la découverte s'attachant à ses premiers progrès, se prolongea encore plus d'une moitié de siècle.

Quatre années plus tard, sur le seul ouï-dire des questions qu'avaient agitées Pascal et Fermat, Huyghens, déjà fort célèbre dans toute la géométrie, ayant donné un petit traité *De Ratiociniis in ludo aleæ*[1], où les éléments de la théorie nouvelle étaient exposés avec une originalité remarquable, et plusieurs problèmes analogues à ceux du chevalier de Méré résolus sans généralité, il est vrai, mais encore avec beaucoup de sagacité et de justesse, ni la singularité du livre, ni la renommée de son auteur, n'excitèrent l'attention. Cinq questions de jeu fort curieuses dont il s'était borné à donner l'énoncé et la solution, et par la proposition desquelles l'ouvrage se terminait, restèrent quarante années sans analyse.

L'insuccès de Huyghens ne fut pas exception-

[1] L'ouvrage avait d'abord été écrit en hollandais. Schooten le mit en latin et publia cette traduction, du consentement de l'auteur, à la suite de ses *Exercitationes mathematicæ*, 1658.

nel. Des publications beaucoup plus importantes encore que la sienne et qui auraient dû éclairer enfin les géomètres sur l'importance de l'analyse qu'il avait fait connaître, ne furent pas plus heureuses.

En 1671, le grand pensionnaire, Jean de Witt, qui n'était pas seulement un politique du plus grand caractère, mais encore un géomètre de première distinction[1], élève de Descartes, et tout à fait à la hauteur des connaissances mathématiques de son temps, imagina d'appliquer directement le calcul à la détermination de la vraisemblance qu'il pouvait y avoir pour un homme, à chaque année de sa vie, de mourir dans un laps de temps déterminé. Compulsant, à cet effet, les registres de décès et de naissances de différentes villes de Hollande, il en tira les éléments nécessaires à la formation d'une table extraordinaire et d'une nature jusqu'alors inconnue[2], où la pro-

[1] Il s'était déjà fait connaître en mathématiques par un ouvrage sur les courbes, *Elementa linearum curvarum* (Leyde, 1650), où l'on trouve, dit Condorcet (*Essai d'analyse*, Disc. Prél., p. 183), des vues ingénieuses et nouvelles.

[2] Inconnue du moins des modernes. Car il paraîtrait par un passage du Digeste, *ad legem Falcidiam*, XXXV, 2, 68, que les Romains n'en ignoraient pas absolument l'usage. Voyez à ce sujet M. V. Leclerc, *Des Journaux chez les Romains*, p. 198, et une curieuse dissertation : *De Probabilitate vitæ ejusque usu forensi*, etc., d'un certain Schemlzer (Gœttingue, 1787, in-8).

babilité de vie d'un homme de son pays et de son temps était, à chaque âge, mathématiquement estimée, et se fondant sur cet état comparatif du nombre d'années qui restait encore à vivre aux différents membres de la société, dont il avait calculé la loi de mortalité probable, il en déduisit la valeur actuelle que devaient y avoir des rentes viagères constituées sur des têtes de différents âges. Cette invention étonnante, destinée plus tard à un si grand usage, ne fut alors nullement remarquée, et l'écrit[1] de de Witt attendit plus de vingt ans un lecteur. Et encore, quand en 1693, un mathématicien anglais du premier ordre, l'illustre Halley, à l'exemple de de Witt, allant étudier à son tour dans les relevés obituaires[2] de Londres et de Breslau les lois générales de la mortalité humaine, publia sur ce

[1] *De vardye van de life-renten*, etc., ouvrage de tout temps fort rare, et qui n'a jamais été traduit. Voyez ce qu'en dit Montucla, t. III, p. 407. Il paraît que Van Hudden, bourgmestre d'Amsterdam, fort bon géomètre aussi, s'occupait vers le même temps de recherches analogues, mais elles ne virent jamais le jour. Voyez à ce sujet, Leibnitz, *Réplique aux réflexions de Bayle.*

[2] Dès la fin du règne d'Élisabeth, à l'occasion d'une maladie contagieuse, qui avait éclaté à Londres, les Anglais avaient pris l'habitude de dresser de ces sortes de relevés, et depuis cette époque, à peu près sans interruption, les clercs des différentes paroisses publiaient régulièrement, le jeudi d'avant Noël, une liste générale des décès de l'année. En 1661, un marchand de la Cité,

grand sujet un mémoire[1] qu'on lit aujourd'hui même avec admiration, personne absolument n'y prit garde. Halley, dans ce mémoire, enseignait cependant avec autant de clarté que d'exactitude les conditions nécessaires à la formation de ces tables qu'on appelle aujourd'hui les Tables de Mortalité, la manière de les dresser avec toute la précision géométrique, d'en tirer une table correspondante de l'état présent et du mouvement annuel de la population, d'y lire la probabilité de survie d'une personne prise au hasard dans une société donnée, de conclure enfin la durée probable de la coexistence de plusieurs individus, de la seule connaissance de leur âge. Inutiles enseignements. Enfouis dans la vaste et

nommé John Graunt, homme sans géométrie, mais qui ne manquait ni de sagacité ni de bon sens, avait, dans une sorte de traité d'Arithmétique politique intitulé : *Natural and political observations... made upon the bills of mortality*, etc., rassemblé ces différentes listes, et donné même (*ibid.*, chap. XI) un calcul, à la vérité fort grossier, mais du moins fort original, de la mortalité probable à chaque âge d'un certain nombre d'individus supposés nés viables tous au même instant. Après Graunt, le chevalier W. Petty, dans différents essais d'économie politique, où il y avait, il est vrai, plus d'imagination que de jugement, s'était, de 1682 à 1687, occupé de semblables recherches. Halley connut ces différents travaux et en profita.

[1] *An estimate of the degrees of the mortality of the mankind drawn from curious tables of the births and funerals*, etc. (*Philos. trans.*, Jan. 1693, A. V. Numb. 196. — *Ibid.*, A. I. Numb. 198).

riche collection des mémoires de la Société royale de Londres, les beaux travaux d'Halley n'y devaient être découverts que par la postérité.

La France qui avait donné le premier exemple de ces études, restait obstinément indifférente à leurs progrès.

La nouvelle des recherches de Huyghens, de Jean de Wit et de Halley n'y pénétra qu'à peine et ne l'émut d'aucune manière. On vit bien, il est vrai, en 1679, un de ses plus laborieux mathématiciens, Sauveur, à la prière du marquis de Dangeau, amuser un moment la cour de Louis XIV, en calculant sous les yeux des courtisans étonnés les chances des différents jeux de hasard alors en vogue; mais ces calculs, qui ne brillèrent pas d'ailleurs par une sévère exactitude[1], une fois le premier étonnement passé, ne donnèrent à personne l'idée qu'il pût y avoir là matière à grand progrès pour les mathématiques, et tout le monde les eut bientôt complétement oubliés.

Il semblait que la fortune prît à tâche d'étouffer dans son germe la découverte de Pascal. On se fera une idée du délaissement où tous les sa-

[1] Ils parurent dans le *Journal des savants* de 1679. De Montmort et Jacques Bernoulli les ont corrigés. Voyez ce qu'en dit Fontenelle dans l'éloge de l'auteur.

vants l'abandonnaient, par les paroles d'un géomètre français des premières années du XVIIIe siècle, Rémond de Montmort. Proposant à ses contemporains un traité mathématique des probabilités, plus approfondi que tout ce qu'on avait laissé passer inaperçu jusque-là, de Montmort, dans sa préface, parlait du calcul qu'il allait s'efforcer de remettre en honneur, comme d'un art « depuis soixante ans oublié. [1] » Ces soixante ans étaient toute son histoire.

On a donné pour raison principale de ces pénibles et obscurs commencements du Calcul des probabilités, le discrédit des matières où d'abord il s'exerça, personne ne pouvant prévoir dès ces origines, qu'il y eût une mathématique des jeux aussi savante et aussi réglée que la mathématique des astres, que l'étude en pût donner lieu aux plus grands efforts de la réflexion, et conduire enfin un jour à la découverte des lois générales qui gouvernent ce que, dans leur ignorance de l'enchaînement des effets aux causes, les hommes appellent des noms de fortune et de sort. On a dit encore qu'il n'y avait pas lieu d'admirer qu'une science qui se présentait avec aussi peu de dehors, ait été éclipsée par la gloire éblouis-

[1] Montmort, *Essai d'analyse*, 2e édition. AVERTISSEMENT, p. XXX.

sante des autres inventions de cet âge. Newton étonnait alors le monde : la création de la Mécanique céleste, de l'Optique, du Calcul de l'infini, occupait tous les esprits et toute la renommée. Il dut rester peu de place dans l'attention publique pour l'algèbre plus curieuse jusque-là que savante, fruit d'une heure de loisir de Pascal et de Fermat.

Ces raisons fort ingénieuses du reste ne suffiraient pas cependant à elles seules à expliquer l'obscurité prolongée où resta plus d'un demi-siècle l'Analyse mathématique des hasards, et la vraie cause de l'indifférence qui l'accueillit si longtemps est ailleurs.

Elle est dans le défaut de liaison et de suite des essais particuliers, où à plusieurs reprises, on l'avait vue se manifester dans le monde, et dans l'absence d'organisation régulière, où après cinquante ans bientôt d'existence elle se trouvait encore. Le Calcul des probabilités avait un peu marché jusque-là à la manière de ce hasard dont il prétendait effacer jusqu'au nom du dictionnaire des connaissances humaines. On avait bien, çà et là, en France une première fois, à l'occasion d'une difficulté de jeux, en Hollande, vingt ans plus tard, dans une question d'économie publique, en Angleterre enfin, après vingt autres années, à propos d'un problème du même genre, évalué assez exactement quelques probabilités et quelques chances, mais personne n'avait seulement songé à définir ce que c'était qu'une chance, et ce que c'était que la probabilité; on n'avait pas expliqué davantage en vertu de quel droit et sur la foi de quelle philosophie, on appliquait les mathématiques à de pareilles matières; on était aussi dénué de principes que de définitions, et enfin, s'il était vrai que grâce au génie de Fermat on fût en possession d'une méthode, cette méthode elle-même avait encore besoin d'être singulièrement approfondie pour suffire au service de la nouvelle analyse. Il n'est pas étonnant qu'on ait universellement attendu pour accorder au Calcul des probabilités la part d'attention qu'il méritait, qu'il fût enfin sorti de cet état d'expérimentation, pour se montrer sous le caractère arrêté d'une doctrine.

Les premiers jours du XVIIIe siècle étaient destinés à lui voir accomplir enfin ce grand progrès. Encore quelques années et grâce aux veilles fécondes d'un des plus beaux génies de l'Analyse moderne, l'organisation qui lui manquait allait lui être acquise.

Jacques Bernoulli, l'aîné de cette famille des Bernoulli qui a rempli l'histoire des mathématiques de son nom, y travaillait, sur les exhortations de Leibnitz[1], depuis fort longtemps en silence[2], quand, en 1705, la mort vint l'interrompre au moment d'y mettre la dernière main. Elle le surprenait assez tard, grâce au ciel encore, pour que le beau dessein qu'il avait conçu ne pérît point avec lui et que la postérité pût trouver dans la forte esquisse qu'il en laissait le plan entier de ses travaux.

L'ouvrage où Bernoulli a donné au Calcul des probabilités cette constitution originale, est écrit en latin et porte un titre dont la généralité indique de prime abord toute la grandeur du but que l'auteur s'y proposait : *Ars conjectandi*. L'auteur l'a distribué en quatre parties; il n'a eu le temps ni d'en revoir aucune ni d'achever la quatrième; mais toutes ont gardé, avec la marque de son génie, l'empreinte entière de sa pensée.

Dans la première, il résume la science de son

[1] Leibnitz, lettre à Bourguet du 22 mars 1714.

[2] La proposition dans le *Journal des savants* du 20 août 1685, d'un problème de jeu, l'analyse de ce problème dans les *Actes de Leipsick*, de 1690, et à la suite de cette analyse un calcul de la valeur actuelle d'une somme payable après un certain nombre d'années, tels étaient les seuls signes publics que Bernoulli eût jusque-là donnés de ses grands travaux sur les probabilités.

temps, en publiant de nouveau, mais enrichi d'un commentaire très-supérieur au texte qu'il explique, le petit traité *de Ratiociniis in ludo aleæ,* qu'avait autrefois donné Huyghens. C'est une sorte de préface qui semble avoir pour objet la reconnaissance exacte du passé de la théorie des hasards.

Cette reconnaissance opérée, Bernoulli va droit, dans une deuxième partie, à ce qui pouvait passer alors pour la pierre angulaire de l'édifice, à la méthode des combinaisons. Cette méthode avait été l'objet d'importantes études depuis Fermat. Pascal, le lendemain même du jour où son illustre correspondant lui en avait donné la première ouverture, l'avait augmentée de recherches pleines d'originalité et de génie[1]. Vingt ans après, en 1666, Leibnitz, encore écolier, mais écolier comme un pareil homme pouvait l'être, alliant avec une force d'esprit et une sagacité déjà des plus rares, les ressources de la logique et celles de l'analyse, avait mis au jour une thèse de l'*Art combinatoire*[2], où les immortels exemples de synthèse de cette espèce, autrefois donnés par Aristote, étaient savam-

[1] Dans le *Traité du triangle arithmétique*, 1654.

[2] *De arte combinatoria*. Voyez la note bibliographique relative à

ment rapprochés des travaux de la nouvelle géométrie. En 1684, Wallis, dans la première édition de son *Traité d'Algèbre*[1], avait consacré aux combinaisons une place importante et étendue. Le père Prestet, enfin, fort habile géomètre, avait expliqué avec infiniment de clarté, en 1689[2], les principaux artifices de cet art ingénieux de composer et de varier les grandeurs. Jacques Bernoulli avait donc, dans l'exposition de la doctrine à laquelle il a consacré la deuxième partie de son ouvrage, de nombreux et de célèbres devanciers, mais il eut ce secret du génie de faire servir toutes les recherches antérieures à l'originalité des siennes, et son traité, plus profond et plus général qu'aucun de ceux publiés jusque-là, eut de plus un mérite qui leur manquait à tous, le mérite d'avoir été spécialement écrit en vue de la théorie des chances et de contenir, à ce titre, nombre de procédés analytiques qu'on n'avait vus nulle part ailleurs.

La troisième partie est une suite naturelle de la seconde. Bernoulli y montre, pour la première

la composition et à la publication de cet ouvrage, qu'a donnée M. Erdmann, Leibnit. *Opp. philos.*, p. 11.

[1] *Treatise of algebra... of... combinations, alternations...*, etc. Lond., 1684.

[2] *Nouveaux éléments de mathématiques*, 2e éd., tom. Ier, liv. V.

fois, les combinaisons employées avec autant de facilité que d'élégance à la solution de toutes sortes de problèmes de jeu, emploi qui justifie, par la démonstration la plus heureuse, la démonstration de l'exemple, la généralité de la méthode de Fermat.

La quatrième partie, la plus neuve et la plus importante aussi de toutes, sert de couronnement à l'ouvrage. C'était là que Bernoulli s'était proposé d'établir enfin le Calcul des probabilités sur les bases dont il manquait encore, des définitions, de lui donner un principe mathématique qui lui fût propre, et de découvrir, d'une seule vue, l'ensemble universel des applications dont il le croyait susceptible.

La mort n'a pas permis à Bernoulli d'achever entièrement ce dessein, et les cinq chapitres qui composent la dernière partie de l'*Ars conjectandi* s'arrêtent brusquement à l'endroit où le tableau détaillé des applications futures du Calcul des probabilités, allait être déroulé à nos regards. Ce qui reste cependant est très-suffisant encore, comme on va voir, pour donner la plus haute idée du génie de l'auteur et découvrir clairement l'étendue de l'entreprise qu'il avait si hardiment commencée.

Bernoulli, en effet, a encore eu le temps d'exposer, exposition jusque-là sans exemple, toute une philosophie du Calcul des probabilités, de déduire les raisons pour lesquelles, à son avis, la probabilité pouvait être expressément considérée comme un nombre, et partant, soumise à l'appréciation du calcul avec autant de droit et de rigueur que le nombre lui-même, et de donner dans cette vue des définitions particulières de la connaissance et de ses différents états, dont non-seulement personne alors n'imagina de contester la justesse, mais qui passèrent même pour aussi solides que lumineuses.

L'esprit de ces définitions, auxquelles on ne saurait refuser du reste, quelque jugement qu'on porte de leur valeur, un grand naturel et une grande simplicité, est exclusivement mathématique.

Bernoulli y considère la connaissance comme une quantité, la certitude comme cette quantité entière, et la probabilité comme une de ses fractions.

Cette fraction est susceptible, comme les fractions numériques ordinaires, de devenir infiniment grande ou infiniment petite. Infiniment grande, elle se confond avec la quantité entière ou certitude; infiniment petite, elle s'évanouit dans le néant, et n'est plus pour l'intelligence que l'expression mathématique de l'impossible. Ses différentes valeurs entre ce double infini, expriment tous les états imaginables de la connaissance, depuis la plus haute probabilité jusqu'à la plus faible : elles sont toutes enfin, relatives à la quantité entière ou certitude, qui joue dans cette numération singulière, le rôle de l'unité.

Cette métaphysique supposée rigoureuse, comme elle le fut par les contemporains, comme elle l'est aujourd'hui encore par presque tous les géomètres, il n'y a rien de plus légitime évidemment que le calcul de la vraisemblance : si la connaissance est une quantité, en effet, et si la certitude peut être prise pour cette quantité entière, on est fondé à en regarder la probabilité comme une fraction, et désignant par 1 la certitude, on peut exprimer par toutes les parties fractionnaires de 1, les degrés infinis de probabilité par où l'esprit peut passer sans obtenir la certitude.

Mais une fois la vraisemblance sous cette forme, l'emploi de la langue et des procédés de l'analyse à l'appréciation de sa valeur, n'est plus une simple faculté, mais une nécessité.

L'établissement philosophique de la théorie des hasards ainsi constitué, Bernoulli dans les deux derniers chapitres qui restent de son livre, en est venu à la proposition, et ce qui était bien autrement difficile, à la démonstration analytique d'un principe qu'il regardait comme fondamental dans l'existence et l'avenir de la nouvelle géométrie, principe qu'il avait médité vingt années[1] et dont personne assurément n'avait encore eu une idée aussi précise avant lui, savoir, qu'en multipliant indéfiniment les observations et les expériences, le rapport des événements de diverses natures, manifesté dans la série des épreuves, approche du véritable rapport de leurs possibilités respectives, dans des limites dont l'intervalle se resserre de plus en plus, à mesure que les tirages se multiplient, et deviendrait même, si cette multiplication se prolongeait à l'infini, moindre qu'aucune quantité assignable. La démonstration a vieilli, et, bien que fort remarquable pour son époque par l'emploi auparavant inconnu dans ce genre de questions de la formule du binôme et de la méthode des suites, elle a dû être abandonnée comme trop pénible et trop longue, mais le principe est resté, et il est resté ce que Bernoulli avait conçu le projet

[1] *Vicennium pressi*, dit-il, *Ars conj.*, p. 4, cap. IV.

d'en faire, la clef principale de l'Analyse des hasards.

C'est sur les derniers mots de son explication que s'interrompt le livre : il restait à l'auteur pour achever son œuvre, à découvrir enfin l'ensemble général des applications auxquelles il jugeait que le Calcul des probabilités fût propre, et à montrer par de grands exemples la manière de l'y employer : il entreprenait cette vaste tâche lorsqu'il mourut. Ici cependant encore, l'histoire n'a pas tout perdu : on a sur la nature des usages où Bernoulli voulait étendre le Calcul des probabilités, une indication irrécusable et précieuse dans le sommaire même qu'il avait mis en avant de la quatrième partie de son traité : « On y montrera, dit-il, l'usage de la doctrine précédente, dans les choses civiles, morales et économiques[1] », programme immense, qui ouvrait à l'invention d'abord si modeste de Pascal et de Fermat plus de la moitié du champ des connaissances humaines.

Tel est ce livre de l'*Ars conjectandi,* livre qui, si l'on considère le temps où il fut composé, l'originalité, l'étendue et la pénétration

[1] *Pars quarta. Tradens usum et applicationem præcedentis doctrinæ in civilibus, moralibus et œconomicis.*

d'esprit qu'y montra son auteur, la fécondité étonnante de la constitution scientifique qu'il donna au Calcul des probabilités, l'influence enfin qu'il devait exercer sur deux siècles d'analyse, pourra sans exagération être regardé comme un des monuments les plus importants de l'histoire des mathématiques. Il a placé à jamais le nom de Jacques Bernoulli parmi les noms de ces inventeurs, à qui la postérité reconnaissante reporte toujours et à bon droit, le plus pur mérite des découvertes, que sans leur premier effort, elle n'aurait jamais su faire.

Bernoulli mourut, laissant dans ses papiers son traité manuscrit. La fortune voulut qu'il y restât huit ans[1], et ne parût qu'en 1713[2], par les soins d'un neveu du grand mathématicien, Nicolas Bernoulli, géomètre lui aussi, et qui devait donner au Calcul des probabilités des gages dont l'histoire a gardé un juste souvenir.

Dans l'intervalle qui s'écoula entre la mort de Bernoulli et l'impression de son ouvrage, une

[1] Fontenelle, dans l'éloge de l'auteur, divulgua seulement à l'Académie des sciences, l'existence de ce manuscrit qu'Herman lui avait fait savoir.

[2] Basileæ, in-4. A la suite, la réimpression du *Tractatus de seriebus infinitis*, qui était devenu très-rare, et une *Lettre à un amy sur les parties du jeu de paume*, où ce qu'il y a de plus remarquable est l'explication en français du célèbre théorème de l'*Ars conjectandi*.

publication remarquable fut faite, appartenant beaucoup par sa nature à l'esprit des recherches du siècle précédent, mais où cependant déjà la théorie des chances était singulièrement approfondie et leur mathématique portée fort au delà des limites connues.

Nous voulons parler de l'*Essai d'analyse sur les jeux de hasard* que donna en 1708 un élève de Malebranche, géomètre laborieux et d'une rare application d'esprit, Rémond de Montmort.

Leibnitz, dont la vaste curiosité ne restait indifférente à aucune des inventions qui pouvaient, à quelque titre que ce fût, concourir au progrès de l'intelligence humaine, excitait depuis longtemps déjà tout ce qu'il connaissait de géomètres à se livrer à des recherches de ce genre. Il avait suivi avec attention la fortune naissante du Calcul des probabilités, il s'était dès sa jeunesse, nous avons eu occasion de le rappeler tout à l'heure, livré avec génie à l'étude de sa méthode, et ensuite à toutes les époques de sa vie, il n'avait cessé de donner des marques sensibles de sa sollici-

Il n'y a pas à douter, malgré l'ignorance où on a bien voulu rester Montucla, que cette lettre soit de Jacques Bernoulli. Nicolas son neveu, le dit positivement dans la petite préface qu'il a mise à tout l'ouvrage ainsi que dans sa lettre à de Montmort du 10 novembre 1711 (de Montmort, *Essai d'analyse*, édition de 1713, p. 333).

tude pour son perfectionnement et sa culture. En 1683, sur le seul bruit des travaux de de Wit, il avait fait paraître dans les *Actes de Leipsick*, une remarquable étude d'analyse sur la valeur présente des rentes payables en un certain nombre d'années[1]; en 1690, il avait inséré dans le même recueil la solution analytique d'un problème qu'avait inutilement proposé cinq années auparavant Bernoulli à la sagacité des géomètres[2]; il était universellement instruit enfin de tout ce qui s'était publié sur la théorie des hasards depuis Pascal[3], et en connaissait à fond ce dont aucun de ses contemporains ne se doutait encore, la valeur et l'insuffisance[4]. Il était cependant un genre d'applications qu'il en prisait et recommandait par-dessus tout, et dont l'avenir, répétait-il sans cesse dans ses conversations et dans ses écrits[5], était plein de nouveautés, d'enseigne-

[1] *Meditatio juridico-mathematica de interusurio simplice. Act. erud.* Lips., 1683.

[2] *Ad ea quæ vir cl. J. Bern.*, etc. *Responsio., Ibid.*, 1690.

[3] Voyez les histoires résumées qu'il donne du Calcul des probabilités depuis l'origine jusqu'à son temps, Réplique aux réfl. de Bayle, Nouveaux Essais, liv. IV, chap. XVI, Lettre à Bourguet du 22 mars 1714, etc.

[4] Il faut lire à ce sujet une lettre latine qu'il écrivit à Pacius en 1687. Dutens, t. VI, p. 36.

[5] *Leibnitiana* LVII. (Dut., t. VI, p. 304). — Répl. à Bayle. —

ments et d'espérance, c'étaient les applications où elle était née et à l'ombre desquelles ce sublime et pénétrant génie pressentait justement qu'elle devait grandir, les applications aux difficultés de jeu. Les jeux de raisonnement surtout, dans le badinage desquels il disait que les hommes avaient montré autant d'esprit que dans les matières les plus sérieuses, lui paraissaient dignes de la plus grande attention. Il voulait qu'on ne se lassât pas d'en inventer[1], et lui-même, qu'on nous pardonne ces détails, ce sont les détails de la vie de Leibnitz, en avait donné un ingénieux et remarquable exemple[2]. C'est dans le sentiment de l'importance réelle de ces apparentes frivolités qu'il exhortait les mathématiciens surtout à ne les pas mépriser, parce que, disait-il, il y avait dans les plus puériles de quoi arrêter les plus grands d'entre eux[3]; à les examiner au contraire avec le plus grand soin et à donner un cours

Nouv. Essais, IV, 16.—Lettre à Th. Burnet du 14 décembre 1705, à Montmort, le frère du géomètre, du 26 août 1714, etc.

[1] Voyez ses *Cogitationes casuales de inventione ludorum*. (Dutens, V, 206.)

[2] En imaginant une marche du solitaire renversée : *Adnotatio de quibusdam ludis, in primis, de ludo quodam sinico*, etc., 1710, Dut., V, 203.

[3] Discours touchant la méthode de la certitude, vers 1700. Erdm., p. 175.

analytique complet, comprenant par ordre, les jeux qui dépendent des nombres, puis ceux qui dépendent de la situation, puis ceux qui dépendent du mouvement, leur étude intéressant visiblement dans le plus haut degré l'algèbre, la géométrie et la mécanique; et quand on lui demandait à quoi bon toutes ces recherches, *à perfectionner*, répondait-il, *l'art des arts qui est l'art de penser*[1].

Déterminé ou à tout le moins enhardi par ces instances fréquentes d'un des plus grands hommes de son siècle, de Montmort entreprit et parvint à composer une analyse générale des jeux de hasard. Son traité était fort éloigné sans doute de satisfaire par sa profondeur et son étendue à l'admirable plan qu'avec la négligence et la vue du génie Leibnitz avait laissé tomber, et celui-ci témoigna même parmi les justes éloges qu'il accorda à l'auteur qu'il n'était pas entièrement satisfait[2]. L'entreprise cependant méritait d'être louée et l'exécution avait de grandes parties. « C'était un vaste pays inculte que ce sujet, comme dit Fontenelle[3], où à peine

[1] Lettre à de Montmort, le frère du géomètre, du 11 février 1715. Voyez aussi sa lettre au géomètre lui-même, du 17 janvier 1716.

[2] Lettre à de Montmort du 17 janvier 1716.

[3] Éloge de Montmort.

voyait-on cinq ou six pas d'homme », et on devait quelque reconnaissance à l'auteur d'avoir si heureusement assujetti au calcul un grand nombre de rapports entrevus jusque-là par les plus expérimentés des joueurs eux-mêmes avec infiniment d'incertitude et de peine. L'emploi des combinaisons en ces sortes de recherches, emploi d'une généralité fort nouvelle et même sans exemple puisqu'on ne connaissait pas alors l'*Ars conjectandi*, était digne aussi d'attirer à l'ouvrage de sérieux applaudissements.

Il en obtint une assez grande part : le concert cependant en fut un peu troublé par les justes reproches que soulevèrent certaines erreurs d'analyse où de Montmort était inconsidérément tombé, et dont la critique amena sur la scène trois géomètres nouveaux dont le nom n'avait pas paru encore dans l'histoire du Calcul des probabilités.

Nous voulons parler de Jean Bernoulli, de Nicolas Bernoulli et d'Abraham de Moivre.

Jean Bernoulli commença la controverse en adressant à de Montmort une lettre qui n'est guère qu'une leçon d'algèbre. De Montmort la pouvait recevoir sans rougir de l'ami de Leibnitz, du maître d'Euler, de ce second par l'âge de la maison des Bernoulli qui balance avec son frère la gloire d'en être le premier par le savoir et l'invention. Nicolas Bernoulli, neveu des deux frères Jean et Jacques, joignit à la lettre de son oncle des observations particulières d'une grande justesse qui furent l'origine de toute une correspondance entre de Montmort et lui, où il donna les solutions de problèmes très-difficiles qui furent de l'aveu même de son correspondant « ce qu'on avait vu de plus fort en ce genre[1]. » Nicolas Bernoulli avait déjà très-heureusement fait pressentir son goût et son talent pour le Calcul des probabilités dans une thèse latine moins forte d'analyse, il est vrai, que quelques-unes de ses lettres à de Montmort, mais singulièrement hardie par la nature des applications où il avait le premier[2] essayé de porter les principes

[1] Montmort. *Essai d'analyse*, 2e éd. Avertissement. C'est dans cette correspondance qu'est né le problème, depuis si célèbre, sous le nom de *Problème de Pétersbourg*, pour avoir été agité ensuite par D. Bernoulli dans les mémoires de l'Académie impériale de Russie (*Comment. acad. scient. Petrop. ad ann.* 1730 *et* 1731, t. V, p. 175, sqq.) Nicolas Bernoulli en donne le premier énoncé qu'on ait vu dans sa lettre à de Montmort du 9 septembre 1713. Voyez Montucla, t. III, p. 394, sqq.

[2] En 1699 déjà, il est vrai, un certain John Craig avait donné un écrit fort bizarre intitulé : *Theologiæ Christianæ principia mathematica*, et, un anonyme, inséré dans les *Transactions philosophiques* de la même année, un court mémoire portant pour titre : *A calculation of the credibility of human testimony*, où le Calcul des

de la théorie des hasards. Dans cette thèse publiée dès 1709 [1], il avait entrepris, à l'aide des quelques règles élémentaires autrefois établies par Huyghens de soumettre à une appréciation mathématique, différentes probabilités de l'ordre moral et judiciaire, d'estimer par exemple le temps après lequel un absent pouvait être réputé pour mort, de fixer les intérêts d'une somme prêtée à grosse aventure, en raison des risques probables que l'emprunteur déclarait vouloir faire courir à cette somme, de déterminer le prix ou la prime à payer pour assurer à une fille le jour de son mariage une dot ou une rente, et enfin, entreprise encore plus extraordinaire que tout le reste et dont l'idée semblerait à peine devoir appartenir à ce siècle, d'évaluer la vraisemblance de différents témoignages et les chances comparatives de la culpabilité ou de l'innocence d'un prévenu. Cet écrit, quelque

probabilités était appliqué à l'estime des témoignages ; mais l'analyse y était si fautive que ces premières tentatives n'avaient absolument aucune valeur et qu'elles ne méritent pas de figurer dans une histoire de la théorie mathématique des hasards.

[1] Sous le titre de *Specimina Artis conjectandi ad quæstiones juris applicatæ*. Basileæ, 1709. Ce curieux écrit est inséré dans les *Acta eruditorum*, suppl. t. IV, sect. IV, p. 159. Voyez ce qu'en disent Fontenelle, Éloge de Montmort, et d'Alembert, *Encyclopédie*, art. *Absent*.

jugement qu'on dût porter [1] des applications que Nicolas Bernoulli y faisait du Calcul des probabilités, avait révélé à tout le moins, un esprit original et pénétrant : de Montmort l'éprouva plus que personne à la vigueur et à la finesse avec lesquelles son jeune adversaire releva les fautes de son Essai. Ces erreurs enfin, valurent à notre géomètre des critiques aussi fort justes, mais dont on regrette l'amertume, d'un mathématicien d'origine française que l'édit de Nantes avait donné à l'Angleterre et à Newton, et qui, à quelques années de là allait être un des plus grands hommes de l'analyse, Abraham de Moivre. De Moivre releva durement les inexactitudes de l'Essai et comme pour donner un enseignement à l'auteur, publia un petit traité, *de Mensura sortis* [2], où il résolut avec une sagacité supérieure différents problèmes de jeu, sans comparaison les plus ingénieux et les plus compliqués dont les mathématiques se fussent occupées jusqu'alors.

De Montmort reçut toutes les leçons qu'on voulut bien lui faire et ne se piqua de rien que de

[1] Voyez ce qu'en pensait déjà de Montmort et les remarquables réserves qu'il fait à cet égard, *Essai d'analyse*, 1re édit., préf., p. 16, et 2e éd., avert., p. 37.

[2] Dans les *Trans. philos.* de 1711. Numb. 329.

les savoir mettre à profit. Il y parvint fort heureusement, et donna en 1713 une édition bien plus correcte de son Essai, à la suite de laquelle il eut le bon goût de publier la lettre de Jean Bernoulli et toute sa correspondance avec son neveu.

Cette nouvelle publication fut reçue avec plaisir; elle eût été sans doute mieux accueillie encore, si cette année-là même Nicolas Bernoulli n'avait tiré enfin des papiers de son oncle, cet *Ars conjectandi* qui changeait la face du Calcul des probabilités et dont l'originalité de génie, captiva, dès qu'il parut, l'attention universelle.

On a vu à combien de titres il méritait de l'obtenir. La doctrine philosophique qu'il donnait pour base à une théorie dénuée jusque-là de ses premiers fondements, le principe dont il dotait une analyse réduite auparavant à quelques règles élémentaires, les perspectives qu'il ouvrait enfin à un calcul resserré soixante ans dans les limites les plus restreintes, tout cela était bien fait pour frapper les esprits et pour donner à la découverte de Pascal et de Fermat la popularité qu'elle avait si longtemps et si inutilement implorée. Un cri unanime s'éleva dans le monde de la science et annonça à la postérité que l'Analyse des hasards allait entrer dans une ère nouvelle et commençait définitivement sa fortune.

Cette fortune commença comme on devait s'y attendre par un élan général des esprits vers l'étude des applications.

On avait admiré la constitution philosophique octroyée par Bernoulli au nouveau calcul; on avait surtout, et avec raison, fait le plus grand cas du principe original qu'il avait si heureusement approprié à son usage; mais ce qui devait séduire et ce qui charma en effet toutes les imaginations, ce fut la conquête de ce monde inconnu que l'illustre géomètre avait désigné aux futures entreprises de l'algèbre; ce qui arrêta d'abord et prit toute l'attention, ce furent les derniers mots de ce testament intellectuel où Bernoulli semblant léguer à son siècle la suite et l'achèvement de ses travaux, avait montré du geste au Calcul des probabilités la riche carrière de l'économie civile et politique; et le premier mouvement des intelligences fut de se porter à la découverte de cette terre promise si longtemps fermée et si soudainement ouverte à la géométrie.

L'étendue en était immense et on ne pouvait guère se flatter de la parcourir en une seule fois tout entière; mais chacun sentit que le principal était d'en prendre possession ; le temps ferait le reste.

La génération qui suivit Bernoulli se consacra à cette œuvre. Elle entreprit pour y réussir une série d'études qui remplissent presque exclusivement quarante années de l'existence du Calcul des probabilités, et dont l'uniformité et la persévérance ont laissé dans son histoire une trace régulière et profonde. Elles occupent à peu près toute la période qui sépare l'époque où l'on voit s'éteindre la grande école mathématique du XVIIe siècle, de 1715 à 1730 environ, et l'époque où l'on voit naître à la grandeur et commencer sa brillante carrière l'école du XVIIIe, vers 1760.

La nature de ces études et la physionomie particulière qu'elles impriment aux temps de l'Analyse des hasards où nous voilà parvenus, méritent d'arrêter l'attention, non pas que leurs résultats aient d'abord été fort éclatants, qu'elles aient occupé des hommes d'un esprit véritablement supérieur et donné lieu à de grands efforts de réflexion ou d'analyse : il n'y a rien de plus modeste au contraire que le cercle où elles se sont renfermées ; les savants qui s'y livrèrent à l'exception de quelques-uns, sont aujourd'hui à peu près inconnus et il y fallut toujours plus de patience que de génie, et de loisir que d'invention ; mais, elles se recommandent par un caractère d'utilité incontestable qu'il serait injuste de méconnaître et qui leur a valu dans l'histoire des mathématiques une page qu'on lit encore parce qu'elle sert à l'intelligence d'un des plus beaux chapitres de cette histoire.

Ces études eurent pour objet de rassembler les documents nécessaires à l'emploi du Calcul des probabilités en économie civile et politique.

Elles consistèrent principalement en dépouillements de registres de l'état civil, en formations de listes de naissances, de mariages et de décès dans les différents pays et à différentes époques, en constructions enfin de tables soit générales soit particulières de la mortalité, où les plus hardis essayèrent déjà de lire les lois suivant lesquelles le genre humain se reproduit et s'écoule et les principes sur qui reposent l'existence, l'accroissement et le dépérissement des individus et des races : commencements grossiers, qui devançaient de trop loin, pour être constamment heureux, le génie analytique de leur âge, mais qui servirent plus tard à marquer la sûreté de la route au milieu des débris dont ils l'avaient semée.

Peu de géomètres prirent part aux travaux de ce temps. On vit bien s'y mêler, il est vrai, un des plus laborieux analystes de l'Angleterre, Simpson[1], et l'astronome suédois Wargentin[2], mais ces cas furent exceptionnels et la foule des ouvrages relatifs à ces sortes de recherches qui parurent alors, eut pour auteurs des écrivains d'une très-médiocre géométrie.

Ils furent tous accueillis cependant avec une grande curiosité, et les principaux d'entre eux, ceux par exemple de Short et de Corbyn-Morris en Angleterre, de Kerseboom en Hollande, de Susslmich et de Bielfeld en Prusse, et chez nous de Deparcieux et de Dupré de Saint-Maur[3], méritèrent véritablement cette faveur.

[1] Simpson donna, en 1740, le traité *The nature and laws of chance*, et en 1742, *The doctrine of annuities*, ouvrages où on admira des observations pleines de justesse et une très-élégante analyse. Voyez Montucla.

[2] Sur les travaux de Wargentin à ce sujet, voyez Bielfeld, *Institutions politiques*, P. II, chap. XIV, §. 16, et Condorcet, *Éloge de Wargentin*.

[3] Short, *New observations.... on City.... bills of mortality*, 1750, et *A comparative history of the increase and decrease of mankind in England*, 1767.

Morris, *Observations on the past growth and present state of this city of London*, 1751.

Kerseboom, *Verhandeling*, etc., 1738.

Susslmich, *Goettliche ordnung*, 1742.

Bielfeld, *Institutions politiques*, 1759.

Deparcieux, *Essai sur les probabilités de la durée de la vie humaine*, 1746.

Dupré de Saint-Maur, *Tables de Mortalité*; Buffon lui fit l'hon-

On ne fut pas longtemps néanmoins sans apercevoir dans les plus intelligentes elles-mêmes de ces publications un vice originaire dont la vue contribua rapidement à tourner les esprits vers un genre d'études d'un plus grand avenir et plus en harmonie avec les besoins présents de la science mathématique des hasards.

Ces extraits de registres, ces pièces d'état civil, ces documents d'économie politique, administrative et quelquefois financière qu'avaient rassemblés avec un zèle si louable tant d'hommes laborieux, avaient en eux-mêmes une valeur incontestable sans doute. C'étaient des matériaux où le Calcul des probabilités devait trouver un jour les éléments d'importantes découvertes; mais en l'état où était alors ce calcul, à peine constitué, à peine en possession de ses premiers principes, quel emploi pouvait-il faire de ces utiles renseignements? Il fallait que sa théorie s'accrût singulièrement encore, que son analyse devînt infiniment plus puissante et plus maniable pour qu'il fût capable de se prêter sans embarras à la riche variété de recherches auxquelles pouvait donner lieu l'innombrable quantité

neur d'insérer ces tables dans son *Histoire naturelle de l'homme*. (*Hist. nat.*, t. II, 1749.)

de faits jusqu'alors enfouis dans la poussière des archives municipales, qui venaient soudain d'en sortir.

On vit bientôt qu'on s'était trompé de route, que l'ambition d'achever d'un seul coup l'œuvre de Bernoulli, et d'écrire au lendemain même de sa mort les derniers chapitres de son livre, était au moins prématurée, que ce grand homme lui-même avec le seul secours de la philosophie et de l'analyse qu'il avait établies, n'aurait pu remplir à beaucoup près toute la tâche qu'il s'était proposée; on vit, qu'avant d'entrer dans la vaste et difficile carrière des applications, il fallait se rendre plus familier l'usage des instruments qu'on possédait déjà, en inventer s'il se pouvait de nouveaux et s'assurer d'abord de longues et de vastes ressources; on vit, en un mot, qu'à la période d'érudition qui finissait, il fallait, si on en voulait féconder le labeur, faire succéder sans intervalle une période de théorie et d'analyse qui donnât aux moyens d'action du Calcul des probabilités, assez de portée et de consistance pour répondre à toute attente dans l'aventureuse entreprise où on parlait de les engager.

La nécessité de ce nouvel effort fut universellement sentie, et le sentiment que tout le monde en eut le fit naître.

Toute chose vient à son heure marquée dans l'histoire. La suite des hommes et des idées s'y succède suivant un ordre auquel la liberté humaine peut bien par caprice, se soustraire un moment, mais où la nécessité, et pour ainsi dire la sagesse même des choses, la contraint toujours de revenir; les travaux d'un temps, conséquence des travaux d'un temps antérieur, sont déjà le commencement de ceux du temps qui va suivre; c'est une chaîne non interrompue dont les anneaux entrelacent sans fin les enseignements du passé et les espérances de l'avenir.

S'il était besoin de confirmer par un nouvel exemple, une vérité tant de fois reconnue, on trouverait cet exemple ici.

Les recherches de l'âge que nous quittons, entreprises au lendemain du jour où l'*Ars conjectandi* les avait évoquées, se prolongeaient encore, quand la stérilité où les condamnait le silence de l'analyse en éveilla le génie et suscita soudain l'invention des méthodes dont l'usage devenait d'un indispensable secours.

Alors commença une série de travaux qui remplissent, non-seulement dans l'histoire de la théorie des hasards, mais dans celle de la pensée humaine, une page que le temps n'effacera jamais. Tout ce que le XVIIIe siècle avait de grands hommes en mathématiques descendit concurremment dans l'arène, et l'on vit le Calcul des probabilités occuper presque ensemble de Moivre, Daniel Bernoulli, d'Alembert, Buffon, Euler, Lagrange et Laplace.

Il faudrait, nous ne le sentons que trop, une autre plume que la nôtre pour retracer la gloire du génie analytique de cet âge. Il n'aurait appartenu qu'à l'un des grands hommes[1] qui prirent part à ces sublimes études, de nous en laisser le récit. Pour nous, à peine nous est-il permis d'indiquer la route où trente années et plus elles retinrent et conduisirent les destinées de la théorie des chances.

Ce fut de Moivre qui l'ouvrit. L'histoire nous a déjà montré cet admirable esprit préludant aux découvertes qui devaient immortaliser son nom, dans un petit écrit sur la mesure du sort, entrepris dans le dessein de corriger les erreurs de Montmort. Ce n'était qu'un début. L'*Ars conjectandi* sembla révéler à de Moivre le secret et l'usage de son génie en lui découvrant l'avenir du Calcul des probabilités. Le premier progrès qu'il

[1] Laplace, dans la rapidité de la Notice historique qu'à la fin de son *Essai philosophique* il a consacrée à l'exposition des grandes découvertes de la théorie des hasards, n'a fait qu'indiquer très-sommairement quelques-unes des principales études de cet âge.

lui fit faire fut un progrès de théorie. Bernoulli avait enseigné que le rapport des événements de diverses natures, indiqué par l'observation dans une longue série d'épreuves, approche d'autant plus du véritable rapport des possibilités respectives de ces événements, qu'on multiplie davantage les épreuves. De Moivre donna de plus une expression élégante et simple de la probabilité que la différence de ces deux rapports est contenue dans des limites données. Il lui fallut pour découvrir l'expression mathématique du plus grand écart probable de ces limites, se livrer à des calculs considérables : ces calculs devinrent entre ses mains l'occasion d'introduire dans l'algèbre des hasards, l'usage d'un théorème, invention singulièrement heureuse de Stirling [1], sur le terme moyen du binôme élevé à une haute puissance, à l'aide duquel il montra comment on pouvait, dans les cas si nombreux de l'Analyse des chances où les opérations numériques sont impraticables, approcher du moins du résultat réel par des approximations très-convergentes. Mais bientôt une invention analytique plus considérable encore vint mettre le comble à sa

[1] Stirling (James), *Methodus differentialis sive tractatus de summatione et interpolatione serierum infinitarum.* London, 1730.

gloire, et doter le Calcul des probabilités d'une de ses plus puissantes méthodes. Étudiant la solution de problèmes très-difficiles, il tomba dans des suites infinies qu'on n'avait jamais observées et qu'il nomma *récurrentes*, dont l'extrême facilité de sommation abrégea une infinité de calculs et ouvrit à la théorie générale des suites des vues aussi nouvelles que fécondes. Passant enfin de la pure analyse à quelques essais d'analyse appliquée, ce grand géomètre reprit l'étude mathématique des probabilités de la durée de la vie humaine, au point où jadis s'était arrêté Halley, et portant dans ces travaux la pénétration d'esprit dont il avait donné tant de preuves, il parvint à trouver des formules d'une brièveté incomparable, qui mirent désormais le vulgaire même des géomètres en état de déterminer à première vue le prix actuel de toute espèce de rentes. Ces utiles recherches l'occupaient encore dans sa vieillesse et furent l'objet de ses dernières pensées ; elles couronnaient dignement toute une vie dont les travaux composent un des plus importants chapitres de l'histoire des progrès du Calcul des probabilités[1].

[1] Voici la liste entière des ouvrages de de Moivre, sur le Calcul des probabilités :

De Mensura sortis, Trans phil. de 1711.

L'exemple de de Moivre devint bientôt un sujet d'émulation général pour les géomètres, et l'illustre mathématicien était encore dans toute sa gloire quand Daniel Bernoulli entra en scène et vint occuper à son tour l'admiration publique.

On sait quels liens étroits rattachaient Daniel à l'illustre famille dont il portait le nom : c'était le propre fils de Jean Bernoulli et le neveu de l'auteur de l'*Ars conjectandi.* Cette double parenté l'obligeait à la gloire des mathématiques, et particulièrement à celle du Calcul des probabilités. Il en remplit les difficiles devoirs avec une force de génie qui semblait héréditaire dans cette maison, et la théorie des chances si fortement organisée par son oncle prit entre ses mains un essor inconnu.

Dès 1734, dans un mémoire relatif à une haute question d'astronomie, et qui lui valut l'honneur de partager avec son père le prix de l'Académie des sciences, il manifesta son goût pour l'Analyse des hasards d'une manière aussi nouvelle que hardie. Il s'agissait d'expliquer la

Doctrine of chances, 1716, 3e édit. fort augmentée en 1756.

Annuities upon lives, 1724.

Miscellanea analytica... accessere variæ considerationes de methodis.... combinationum et differentiarum, 1730.

On the easiest method for calculating the value of annuities on lives; mémoire inséré dans les *Trans. phil.* de 1744.

cause physique de l'inclinaison plus ou moins grande de l'orbite des planètes sur l'équateur solaire. Il commença par rechercher la probabilité de l'existence de cette cause et par faire voir de combien elle dépassait la probabilité de l'intervention d'un destin aveugle dans l'arrangement régulier dont on demandait la raison : premier exemple de l'application de l'analyse à la détermination de la probabilité qu'un certain ordre est l'effet de l'intention de le produire[1]. L'originalité d'un pareil calcul annonçait dès lors tout ce qu'on devait attendre de la pénétration d'esprit de son auteur.

Les preuves les plus sensibles s'en succédèrent avec autant de rapidité que d'éclat. Bientôt Daniel Bernoulli, à l'occasion d'un problème connu depuis des mathématiciens sous le nom de problème de Pétersbourg pour avoir été traité par notre géomètre dans les *Mémoires de l'Académie impériale de Russie,* imagina de soumettre au calcul un élément jusque-là négligé dans l'estime des chances du jeu, à savoir la considération de la fortune respective des joueurs, considération singulière qui le conduisit à l'éta-

[1] Ce mémoire est inséré dans le *Recueil des pièces qui ont remporté le prix à l'Académie des sciences*, t. III, année 1734.

blissement de ce principe, que la valeur d'une somme infiniment petite est égale à sa valeur absolue divisée par le bien total de la personne intéressée. Une occasion plus brillante et plus utile s'offrit à lui quelque temps après de déployer les ressources de son ingénieuse analyse. L'inoculation importée d'Orient en Angleterre et d'Angleterre chez nous, était alors entre les ignorants et les casuistes d'une part, quelques gens sensés et La Condamine de l'autre, l'objet de disputes où la voix de la raison avait grand'peine à se faire entendre. Daniel Bernoulli entreprit, pour ouvrir les yeux de ceux qui les fermaient le plus obstinément à la lumière, d'évaluer en nombres précis l'influence de l'inoculation sur la durée de la vie humaine, et généralement de faire une comparaison exacte entre l'état de l'humanité tel qu'il était, exposé sans défense aux ravages de la petite vérole, et tel qu'il serait si l'inoculation supposée d'ailleurs à peu près inoffensive et infaillible, était généralement adoptée. A peine avait-il les données nécessaires à la solution d'un pareil problème. Il suppléa cependant à ce qui lui manquait par de si justes hypothèses et analysa avec tant de finesse, l'ensemble universel des conditions réelles et supposées de la question, qu'il parvint à découvrir que l'augmentation de la durée moyenne de la vie, grâce aux bienfaits de l'inoculation serait d'environ trois ans. Résultat dont l'étonnante exactitude est bien faite pour exciter l'admiration, quand on songe que c'est à très-peu près celui auquel la comparaison des tables de mortalité, antérieures et postérieures à la découverte de la vaccine, conduisit Duvillard [1] quarante années ensuite. Enfin, Daniel Bernoulli mit le sceau à sa réputation et le comble aux belles recherches dont il avait enrichi l'histoire du Calcul des probabilités en faisant faire à ce calcul un progrès analytique dont l'importance pouvait être mise à côté des rares inventions dont de Moivre avait récemment étonné les géomètres. On s'efforçait jusque-là dans toute question où il s'agissait d'évaluer un jugement de probabilité de déterminer la valeur comparative des deux termes dont ce jugement était composé, et on employait à cet usage la méthode des combinaisons, qui la plupart du temps, surtout dans les questions relatives aux événements de la nature, entraînait dans des calculs extrêmement compliqués : Daniel Bernoulli proposa de substituer au procédé de Fermat, l'Ana-

[1] *Analyse et Tableaux de l'influence de la petite vérole*, ouvrage dont la composition est de la fin du XVIIIe siècle, mais qui ne parut qu'en 1806.

lyse infinitésimale, de ne considérer plus que le seul rapport des deux termes dont tout jugement de probabilité est composé, et de traiter ce rapport par les voies ordinaires du Calcul différentiel. Invention aussi heureuse qu'élégante, pleine de facilités pour l'analyse, et qui révélait entre les principes mathématiques de la Théorie des hasards et ceux du Calcul de l'infini, des analogies remarquables et appelées au plus grand usage[1].

L'originalité brillante de ces recherches attira sur Bernoulli les regards de tous les géomètres. Son ingénieuse considération de la fortune des joueurs, ses magnifiques études sur l'inoculation, frappèrent surtout les esprits. On n'avait encore rien vu de si subtil et de si hardi, et longtemps ces deux sujets défrayèrent l'attention et la curiosité générales.

[1] Bibliographie chronologique des mémoires de D. Bernoulli :
1738. *Specimen theoriæ novæ de mensura sortis* (*Comment. Acad. Petr.*, t. V).
1760. *Essai d'une nouvelle analyse de la mortalité causée par la petite vérole* (*Mém. de l'Acad. des sciences*).
1768. *De usu algorithmi infinitesimalis in arte conjectandi.*
De duratione matrimoniorum media (*Novi Comment. Acad. Petr.*, t. XII).
1770. *De mensura sortis* (*Ibid.*, t. XIV).
1778. *Dijudicatio maxime probabilis plurium observationum* (*Acta Acad. Petr.* ad annum 1777).

Buffon et d'Alembert se firent remarquer entre tous par la manière nouvelle dont ils envisagèrent, l'un, les considérations morales auxquelles pouvait conduire l'étude du premier, l'autre, différentes difficultés négligées par Bernoulli dans ses recherches sur le second.

Au milieu même de la composition de l'*Histoire naturelle*, porté vers le Calcul des probabilités par le besoin d'introduire dans son grand ouvrage des tables de la mortalité de l'homme à chaque âge, Buffon s'interrompit tout à coup à la nouvelle des travaux de Bernoulli sur l'élément jusque là négligé de la fortune comparative des joueurs dans les problèmes de jeu, et frappé des conclusions que l'on pouvait tirer des résultats où l'ingénieux géomètre était parvenu, entreprit de les exposer lui-même dans un ouvrage à part dont le titre seul, *Essai d'arithmétique morale*[1], révéla d'abord l'esprit et la portée.

Buffon, dans cet ouvrage, après une sorte de préface philosophique, où il expose, sans en modifier d'ailleurs le caractère, les définitions autrefois données par Jacques Bernoulli, entre dans une suite de réflexions morales d'une nouveauté

[1] Cet ouvrage, dont la composition remonte à 1760 environ, ne parut qu'en 1777 dans le tome IV du *Supplément à l'Histoire naturelle*.

admirable sur la valeur de l'argent, sur le prix relatif que chacun, en considération de sa fortune est tenu de lui attribuer, et, partant de ces premiers principes, démontre avec une éloquence invincible, que le jeu, où le gain n'a jamais de proportion avec la perte, puisqu'il y a l'infini entre la ruine absolue que peut causer la perte et le bénéfice quel qu'il soit que peut donner le gain, est un contrat vicieux jusque dans son essence, nuisible à chaque contractant en particulier et contraire au bien de toute société. Développée dans ce brillant langage ordinaire à Buffon, où la magnificence de l'expression ne sert que de parure à sa propriété et à sa justesse, cette démonstration sans réplique répandit soudain sur l'immoralité du jeu une lumière inconnue, et commença en le désignant à la défiance publique comme une duperie ou comme un vol, à ébranler singulièrement les bases de l'odieux revenu que tous les gouvernements de l'Europe percevaient alors, dans des lieux infâmes, sur la crédulité et la débauche. La voix de l'auteur de l'*Histoire naturelle* fut la première à s'élever, au nom du Calcul des vraisemblances, contre la perfidie des appâts que sur la probabilité de chances presque nulles, un banquier gagé par l'État, proposait à la cupidité imprudente d'hommes ignoants ou dépravés; elle fut la première à enseigner par les principes les plus élémentaires de la théorie des hasards que dans toute loterie, le fermier est un fripon et le ponte une victime : protestation éloquente qui recommande par un titre de plus le beau nom de Buffon à l'admiration reconnaissante de ses derniers neveux. Elle ne devait être entendue que d'une postérité encore lointaine, mais dès lors elle ajouta à l'estime publique qui environnait son auteur, et donna à l'*Essai d'arithmétique morale* une popularité précieuse parmi tout ce qu'il y avait au XVIIIe siècle d'amis de l'humanité, de la science et de la vertu.

Tandis que Buffon, par un ouvrage où l'analyse concourait d'une manière aussi inattendue au progrès de la morale publique, s'emparait dans l'histoire de la théorie des chances, d'une place vide encore avant lui, d'Alembert, attiré comme l'auteur de l'*Histoire naturelle* par l'éclat et la nouveauté des recherches où Daniel Bernoulli venait de s'illustrer, entrait à son tour sur la scène, alors si animée, du Calcul des hasards, et à propos des études auxquelles le grand mathématicien s'était livré au sujet de l'inoculation, publiait sur l'étendue légitime des applications de l'algèbre à l'estime de la vraisemblance et sur les principes fondamentaux qui servaient de base à cet extraordinaire emploi des mathématiques, des remarques singulières qui appelaient l'attention des géomètres et des philosophes sur un point de doctrine de la plus grave importance.

Daniel Bernoulli avait considéré l'inoculation en homme d'État et au seul point de vue de l'augmentation commune de vie moyenne que l'adoption de ce préservatif pouvait procurer à une société; il avait dans cet esprit, négligé de tout point, les considérations morales qui devaient exercer cependant la plus décisive influence sur le consentement des particuliers à se laisser inoculer. Il n'avait fait entrer dans ses calculs aucun des motifs que pouvait avoir un individu de se refuser à courir la chance de mourir d'un remède, qui s'il prévenait fort souvent une maladie dangereuse, quelquefois néanmoins pouvait être fatal. D'Alembert rappela Bernoulli à la considération de ces indispensables éléments, et après les avoir très-habilement énumérés, éleva la profonde question de savoir si de telles matières étaient encore du domaine de l'algèbre, et si l'empire des mathématiques ne finissait pas au point précis où à la fatalité des événements de la nature succède la liberté des décisions de l'homme? Il alla plus loin encore, et remontant à ce propos jusqu'aux définitions de l'*Ars conjectandi*, il demanda aux mathématiciens de son temps s'ils étaient bien assurés de l'exactitude de ces définitions, si les bases originaires qu'y avait trouvées la théorie des hasards étaient inébranlables, et si enfin on était absolument convaincu qu'il fût loisible de traiter la vraisemblance comme un nombre[1]? Ces doutes hardis, qui n'étaient encore venus à personne, auraient dû, ce semble, inquiéter sérieusement les esprits. Ils ne firent qu'offenser les convictions. Daniel Bernoulli, pour ce qui le concernait, se défendit avec une hauteur[2], peu de mise en

[1] D'Alembert, *Opuscules mathématiques*, 1761-1768.

T. IV, p. 83. — « Dans l'Analyse des hasards, on regarde la certitude comme 1 et la probabilité comme une fraction de la certitude; cette supposition est-elle bien exacte à tous les égards? »

Ibid, p. 284. — « Je désirerais qu'on s'attachât... à faire bien entendre comment on peut donner à l'incertitude une valeur précise et déterminée par le calcul, une valeur qui est une fraction de la certitude, quoique, métaphysiquement et rigoureusement parlant, la certitude soit, par rapport à la simple probabilité, ce que l'infini est par rapport à l'unité. Il y a près de trente ans que j'avais formé ces doutes en lisant l'excellent livre de M. Bernoulli, *de Arte conjectandi*; il me semblait que cette matière avait besoin d'être traitée d'une manière plus claire... »

Voy. encore les t. II, V et VII, *passim*.

[2] Voy. l'*Introduction apologétique* qui précède son *Essai d'analyse sur la petite vérole*. (*Mém. de l'Acad. des sciences*, année 1760).

un pareil sujet et avec un tel adversaire, et quant au reste des mathématiciens, ce ne fut que par le silence ou le dédain[1] qu'il répondit aux doutes que d'Alembert s'était permis d'émettre. Mépris injuste et malhabile où tout le monde avait à perdre et qu'une postérité moins prévenue ne devait point sanctionner.

Les objections de d'Alembert ou ce qu'on appela alors son chagrin et son scepticisme se perdirent bientôt dans le bruit de nouvelles publications dont l'originalité et la grandeur mirent en quelques années le comble à l'éclat de cette immortelle époque.

Euler parut à son tour dans la lice, et aussitôt qu'il y parut toute l'attention fut pour lui.

On serait bien étonné de ne pas rencontrer ce grand nom dans les annales de la théorie des basards : il n'est pas un chapitre dans l'histoire du progrès des mathématiques où il ne se trouve.

[1] Euler (*Opuscula analytica*, t. II) se fit l'interprète de ce dédain dans la phrase singulière que voici :

« Neque me deterrent objectiones illustris d'Alembert, qui hunc « calculum suspectum reddere est conatus. Postquam enim sum« mus geometra studiis mathematicis valedixit, iis etiam bellum « indixisse videtur, dum pleraque fundamenta *solidissime stabilita* « evertere est aggressus. Quamvis enim hæ observationes *apud* « *ignaros* maximi ponderis esse debeant, haud tamen metuendum « est, inde ipsi scientiæ ullum detrimentum allatum iri. »

Euler se montra dans celui-ci avec sa gloire habituelle. Vers le milieu de sa vie environ, il commença de consacrer à l'étude du Calcul des probabilités une part de l'universelle attention qu'il répandait sur toutes les branches de l'analyse. On le vit s'occuper d'abord de la résolution de très-difficiles problèmes de jeu [1] : l'algèbre, dans ces curieuses études fit entre ses mains les plus heureux progrès, elle s'étendit, elle s'assouplit, elle s'habitua pour ainsi parler à ne reculer devant l'explication d'aucune des énigmes de la fortune. Le grand géomètre se livra ensuite au perfectionnement d'une méthode qui, malgré l'invention des nouveaux procédés de de Moivre et de Daniel Bernoulli avait toujours un usage considérable dans la détermination mathématique des hasards, la méthode des combinaisons; et ses mémoires[2] sur ce sujet servirent de correction et de complément à tout ce qui en avait été dit depuis Fermat. Enfin Euler ajouta à ces travaux divers des recherches entièrement origi-

[1] Les mémoires d'Euler relatifs à des difficultés de jeu ont tous été publiés de 1752 à 1769 dans le Recueil de Berlin. Voyez-en les t. VII et XV.

[2] Ils sont au nombre de trois, et insérés, le premier dans les *Comm. Acad. Petr.*, t. XIII, les deux autres dans les *Novi Comm.*, t. X et XVI.

nales sur un sujet de la plus grande élévation : il donna les premières idées de la méthode de prendre le milieu entre les résultats des observations[1], méthode d'un grand usage en astronomie qui appartient peut-être plus encore par sa forme et son but au domaine de cette science qu'à celui de la théorie des hasards, mais qui a trouvé dans la culture de cette théorie son origine et une partie de ses progrès.

Cependant, et tandis même qu'Euler, car tous ces grands travaux datent presque du même jour, donnait par ses études plus de souplesse et d'étendue à l'analyse du Calcul des probabilités, la théorie qui servait de fondement à cette analyse s'enrichissait subitement d'un nouveau principe presque aussi fécond que celui de l'*Ars conjectandi*.

Jacques Bernoulli avait enseigné que le rapport des événements observés approche sans cesse du véritable rapport de leurs possibilités respectives, à mesure que les expériences se multiplient; de Moivre avait trouvé l'expression ma-

[1] Dans son mémoire intitulé *Cautiones necessariæ in determinatione motus planetarum observandæ*, *Act. Acad. Petr.*, t. III, P. II. Voyez aussi les *Observationes* qu'il publia dans les mêmes Actes pour 1777, à la suite du mémoire de D. Bernoulli, *Dijudicatio maxime probabilis.*, où cette matière était inexactement traitée.

thématique de la probabilité que la différence de ces deux rapports est contenue dans des limites données, mais l'un et l'autre supposaient les possibilités des événements connues, et ils se bornaient à chercher quelle probabilité il y avait que le résultat des expériences à faire approcherait de plus en plus de les représenter; en 1763, Bayes, géomètre anglais, d'une grande pénétration d'esprit, détermina directement la probabilité que les possibilités indiquées par les expériences déjà faites sont comprises dans des limites données[1] et fournit ainsi la première idée d'une théorie encore inconnue, la théorie de la probabilité des causes et de leur action future conclue de la simple observation des événements passés : branche extrêmement importante de l'Analyse des hasards qui devait être bientôt développée avec génie par un homme dont le nom a depuis rempli cette histoire, et aux premiers travaux duquel la suite des temps enfin nous amène, Laplace.

Ce fut en effet par un mémoire[2] sur la grande règle entrevue par Bayes, que Laplace, en 1774,

[1] Son mémoire, communiqué après sa mort par Price à la Société royale, est inséré dans les *Trans. phil.*, p. 1763, Numb. LII.

[2] *Mémoire sur la probabilité des causes par les événements*, Recueil des savants étrangers, t. VI.

s'annonça dans le Calcul des probabilités. Il s'y annonça tout d'abord à sa manière en faisant connaître une méthode d'apprécier l'influence des événements passés sur la probabilité des événements futurs et la loi suivant laquelle ils nous découvrent, en se développant, les causes qui les ont produits, savoir, que chacune des causes auxquelles un événement observé peut être attribué, est indiquée avec d'autant plus de vraisemblance, qu'il est plus probable que cette cause étant supposée exister, l'événement aura lieu : principe d'une fécondité admirable qui, appliqué un peu plus tard[1] par son auteur lui-même à l'appréciation analytique, jusque-là sans exemple, des causes qui dans la vie civile président à la succession des événements, rendit dès lors possible au Calcul des probabilités cette conquête du monde social et politique que Bernoulli mourant lui avait si hardiment promise.

Ce début dans la carrière qui aurait suffi pour immortaliser un géomètre, n'y marqua que le premier pas de Laplace. On se rappelle ce genre de séries que de Moivre avait inventées et qu'il appelait récurrentes. Dès 1750, dans ce premier

[1] *Mémoire sur les probabilités*, *Mém. de l'Acad. des sciences*, année 1778.

volume des *Mémoires de Turin*, où son génie fit oublier sa jeunesse, Lagrange avait réduit la théorie de ces suites au Calcul différentiel, et l'ayant établie de cette façon sur des principes directs, l'avait rendue naturellement applicable à la doctrine des chances. Il avait même annoncé qu'il donnerait quelque jour le secret de cette application. Laplace le prévint[1]. Dans un mémoire[2] où il sembla de préférence prendre pour objet de ses calculs les problèmes les plus compliqués, afin de faire voir en même temps et la souplesse de son génie et la puissance de la nouvelle analyse, il l'acquit irrévocablement au service de la théorie des hasards. Une dernière découverte, plus étonnante encore que les autres, vint clore enfin et cette première période des travaux de Laplace et toute la grande époque analytique du Calcul des probabilités. En cherchant à résoudre par l'Analyse infinitésimale, suivant des procédés déjà indiqués par Lagrange, plusieurs questions de probabilité très-difficiles, le sublime géomètre était fréquemment tombé dans une espèce d'équations aux différences

[1] De l'aveu même de Lagrange, *Mém. de l'Acad. de Berlin*, année 1775, *Recherches sur les suites récurrentes*.

[2] *Recueil des savants étrangers*, t. VI. *Mémoire sur les suites récurro-récurrentes et leur usage dans la théorie des hasards*, 1774.

finies très-différentes de celles qu'on avait considérées jusqu'alors : leur nouveauté, la prévision du rôle considérable qu'elles étaient appelées à jouer un jour peut-être dans l'évaluation mathématique de la vraisemblance, frappèrent Laplace; il en approfondit la nature, et bientôt toute une création analytique naquit de ses études, le Calcul des différences finies partielles[1], dont l'invention peut être mise au rang de ces rares découvertes qui semblent avoir ajouté de nouveaux ressorts à l'intelligence de l'homme, en donnant à l'art de penser des instruments d'un usage plus étendu et d'une précision plus parfaite.

Ce fut là, ainsi que nous venons de le dire, le dernier événement considérable de ces temps immortels qu'on peut appeler par excellence les temps analytiques du Calcul des probabilités. On y vit ce calcul affermir et compléter sa théorie au delà de toute espérance, s'enrichir d'une multitude de méthodes et s'élever dans la partie mathématique de son existence, à un degré de splendeur sans égale. C'est la plus belle époque de ses annales, celle dont la gloire est à la fois la plus éclatante et la plus solide, celle enfin

[1] Mémoire *Sur l'intégration des équations différentielles aux différences finies et sur leur usage dans la théorie des hasards.* (*Recueil des savants étr.*, t. VII, 1776.)

dont la postérité conservera le plus durable souvenir.

Mais déjà un âge nouveau, d'une physionomie toute différente, commençait de succéder à celui-ci.

Aussitôt que grâce aux travaux de la grande école de mathématiciens dont nous venons de retracer l'histoire, la théorie et l'analyse du Calcul des probabilités furent parvenues au degré de maturité qui leur avait manqué jusqu'alors, tous les esprits songèrent en même temps à rentrer dans la voie d'applications où les premiers successeurs de Jacques Bernoulli avaient résolument autrefois, avec plus d'audace que de bonheur, hasardé quelques pas. Les temps étaient bien changés, et cette seconde tentative s'opérait dans des conditions de succès singulièrement différentes. Tandis que les hommes laborieux qui au lendemain de la publication de l'*Ars conjectandi* avaient voulu en remplir toutes les promesses, s'étaient engagés à l'aventure dans des études où rien ne les soutenait que leur ardeur et leur bon vouloir, les économistes, qui au moment de l'histoire de la théorie des hasards, où nous voilà parvenus, se déterminaient à reprendre le dessein jadis avorté de l'application des mathématiques aux probabilités des événements de la vie civile, trouvaient dans trente années et plus de travaux analytiques du premier ordre, toutes les ressources nécessaires à la réussite de leur entreprise. Aussi les résultats de cette nouvelle période devaient-ils être par leur précision et leur étendue incomparablement supérieurs à ceux de la première époque.

Cette reprise générale des applications du Calcul des probabilités aux matières civiles et politiques, eut lieu vers 1760 environ.

L'Angleterre en donna le signal. Les Anglais sont, comme on sait, les premiers hommes de l'univers pour passer des idées aux faits et traduire les théories en institutions. Aucun peuple ne les a jamais précédés dans cette carrière, et ils y ont toujours donné l'exemple à tous les autres. Ce sont les hommes d'affaires du monde.

Ils montrèrent bien leur caractère et leur génie dans l'initiative qu'ils prirent, du retour du Calcul des probabilités des considérations exclusives de la pure analyse, au domaine de la vie pratique et de l'utilité.

Il y avait longtemps que les hommes de toutes les nations avaient compris que l'individu abandonné à lui seul resterait sans défense contre la multitude de calamités qui éprouvent l'espèce humaine, et qu'il y avait une ligue du bien public à faire entre soi contre le malheur universel. Déjà et bien avant que le Christ proclamât dans un langage sublime la loi de la fraternité, les païens eux-mêmes avaient formé entre eux des associations particulières pour se secourir les uns les autres. Des parents, des proches, des amis, des membres d'une même profession, des citoyens d'une même ville se réunissaient et constituaient, chacun de ses deniers privés, un fonds commun où l'on venait puiser, quand il était besoin, pour arracher à la maladie, à la misère et, fléau si fréquent dans l'ancien monde, à l'esclavage, un ou plusieurs des associés. Une loi de Solon, venue jusqu'à nous[1], atteste en le consacrant, sous les réserves du droit commun, que cet usage était connu des Grecs. Il le fut des Romains dès les premiers jours de la république : la loi des douze tables[2] le témoigne encore aujourd'hui; et jusqu'aux dernières années de l'empire[3] il continua chez eux de rester en vigueur. Au moyen âge toute l'Europe s'était, comme on sait, couverte de corporations et de

[1] Le Digeste nous l'a conservée, liv. XLVII, tit. II, f. 4. Voy. à ce sujet Théophraste, *Caract.* et Platon, *Rép.* V, et *Leg.* XI.

[2] Digeste, *ibid.*

[3] Voy. les Lettres de Pline, x, 43, 94, 97, 117; le Code de Justinien, IV, 59, 2; et le Code Théodosien, XIV.

confréries, qui à part les troubles publics qu'à maintes reprises elles excitèrent et que les gouvernements durent souvent réprimer[1], étaient primitivement organisées dans un but unique de prévoyance et de secours mutuels.

Un caractère cependant avait toujours manqué à la stabilité et à l'équité de ces associations. Tout le monde y était admis indistinctement, sans égard à la différence d'âge et était appelé à verser dans la caisse commune le prix d'une cotisation périodique absolument égal. Personne n'avait pensé à mesurer la proportion des primes sur les probabilités inégales de survie des différents intéressés : considération toute d'équité cependant, rien n'étant moins conforme à la justice que de faire contribuer dans une même proportion des hommes qui, suivant l'ordre de la nature, étaient vraisemblablement appelés à des longévités très-différentes. L'idée d'introduire cette considération capitale dans les bases des associations de prévoyance, naquit en Angleterre. C'est cette idée qui après s'être éprouvée longtemps par l'expérience, a fini par produire l'institution célèbre, aujourd'hui si répandue dans

[1] Surtout en France, témoin les nombreuses Ordonnances de nos rois à cet égard.

tous les États de l'Europe des *Assurances sur la vie.*

On voit que les Anglais avaient de très-bonne heure songé à ces ingénieux et utiles établissements. Dès l'année 1706, l'évêque d'Oxford, Thomas Allen, avait obtenu de la reine Anne une charte en vertu de laquelle, en communauté avec plusieurs autres personnes, il avait constitué sous le nom d'*Amicable society,* une véritable compagnie d'assurances mutuelles dont l'objet était de garantir une somme payable aux héritiers des souscripteurs à la mort de ceux-ci et dont la valeur variait en raison du nombre d'associés décédés dans l'année [1]. L'essai était encore fort grossier, mais il donnait un grand exemple. En 1748, cet exemple avait déjà porté ses fruits. Mac-Laurin donnait alors aux ministres et aux membres de l'université d'Écosse, les calculs mathématiques nécessaires à l'établissement d'une société de prévoyance instituée entre eux dans le but de laisser à leurs enfants et à leurs veuves, un secours après leur mort[2]. Ces

[1] Voyez Price, *Observations on reversionary payments,* 1812, t. I, p. 158, sq.

[2] Cette société fut autorisée par acte du parlement. Le texte de l'acte existe encore dans les *Statutes at larges*, vol. V, p. 344, sq. On peut voir dans le Journal de la Chambre des Communes, t. XXIV et XXV, les curieux débats auxquels donna lieu son

calculs fort limités et souvent hypothétiques, étaient du moins déjà à peu près suffisants. Enfin en 1762, sur les avis de Simpson et d'après un plan fort étendu rédigé par Dodson, mathématicien de mérite, un antiquaire, grand philanthrope, sir Edward Rowe Mores, avait établi une société de prévoyance, l'*Equitable society*[1], dont les fondateurs s'engageaient à assurer sur toutes vies, pour leur durée entière aussi bien que jusqu'à une époque déterminée seulement, et sous toutes les conditions de payements imaginables, ou des sommes payables en une seule fois, ou des rentes et des annuités reversibles; vaste entreprise, qui embrassait déjà presque toutes les formes à venir du contrat d'assurance sur la vie des personnes.

Ces essais utiles et hardis avaient tous néanmoins des défauts essentiels qui pouvaient devenir un jour une source de dangers sérieux pour les fondateurs des sociétés et de mécomptes

adoption. Un certain Webster publia en 1748 les calculs de Mac-Laurin, sous ce titre : *Calculations... relative to an act of parliament... for raising and establishing a fund for a provision for the widows..., etc.*, Edinb. fol.

[1] Voyez dans les *Litterary Anecdotes of the eighteenth century*, publiées par John Nichols, vol. V, p. 389-405, une notice curieuse sur Mores et l'*Equitable Society*. Voyez aussi Dodson, *Mathematical Repository*, vol. III, et *Trans phil.*, an. 1751.

pour leurs souscripteurs. L'*Equitable society* elle-même, la dernière et la plus parfaite de ces compagnies était loin de reposer sur des bases solides et rassurantes.

En 1769 enfin, un ministre de l'Église anglicane, personnage du plus noble caractère, que des travaux philosophiques de premier ordre avaient déjà mis à la tête des moralistes de son pays et de son temps, le savant docteur Price, frappé tout à la fois de l'utilité publique des assurances sur la vie et de la périlleuse imperfection des plans d'après lesquels on les avait jusque-là constituées, résolut d'approfondir par l'Analyse des hasards les principes généraux de cette matière, d'éclairer ses contemporains sur les conditions mathématiques de durée et de succès de ces grandes institutions, de réformer les bases erronées sur lesquelles reposaient imprudemment les compagnies anglaises jusqu'alors existantes, et de doter enfin l'humanité entière des connaissances indispensables à l'établissement solide des associations de toute nature que la bienfaisance, la charité et l'économie pourraient à l'avenir suggérer aux particuliers et aux États.

Tel fut l'objet d'un grand ouvrage sur la manière de calculer les assurances sur la vie, qu'après de longues méditations, le docteur Price, en 1769, donna à ses concitoyens : ouvrage plein de géométrie, de bon sens et de charité, qui à la réputation de philosophe qu'avait déjà son auteur, ajouta celle de financier et d'économiste, et la gloire plus précieuse que la gloire de l'esprit et des connaissances, la gloire tranquille et pure qui s'attache aux noms des bienfaiteurs du genre humain.

L'ouvrage de Price, intitulé : *Observations on reversionary payments*[1], comprend d'abord en seize questions relatives au moyen de constituer des rentes reversibles en raison de la durée probable de l'existence humaine à chaque âge, toute la théorie mathématique pure, si je puis ainsi dire, des assurances sur la vie. Combinant les effets généraux de la loi de la mortalité avec ceux de l'augmentation progressive d'un capital par l'accumulation des intérêts composés, le savant ministre enseigne en partant de ces bases à déterminer avec autant de facilité que d'exacti-

[1] La première édition est comme je le dis là de 1769 ; il s'en faisait déjà une quatrième en 1783. M. Morgan, neveu du savant ministre, en a donné en 1812 une septième fort estimée et la plus complète de toutes. Elle comprend en deux vol. in-8°, non-seulement l'ouvrage capital de Price, mais généralement tous ses écrits de politique, d'économie et de finance.

tude le prix ou la prime de l'assurance d'une somme ou d'une rente, payable, ou bien au décès de l'assuré, ou bien après un nombre convenu d'années, soit à cet assuré lui-même, s'il est vivant, soit au décès d'un tiers : il découvre également les méthodes de calculer sous toutes les formes où elles se présentent les conditions d'établissement des assurances mutuelles, des constitutions de rentes viagères et des assurances de survie; enfin, il donne des lumières toutes nouvelles sur le nombre probable des rentiers qu'une compagnie doit toujours compter avoir à sa charge après un temps donné et sur le taux moyen auquel on doit fixer les primes, pour ne pas éloigner les souscripteurs par leur trop grande élévation et pour ne pas compromettre l'avenir des sociétés par leur insuffisance : deux points de la dernière gravité et d'où dépend la fortune entière de toutes les institutions de ce genre. Les méthodes que donne le docteur Price sur ces différents sujets n'étaient pas entièrement neuves, et il emprunte souvent à Halley, à de Moivre et à Simpson, ses devanciers en cette matière, mais ce qu'il y a d'original dans son livre, c'est la liaison qu'il donne à ces moyens auparavant épars, c'est le but essentiellement pratique dans lequel on les y voit conspirer, c'est enfin la forme élégante et facile où ils y sont produits. On n'avait vu encore en ce genre aucun ouvrage aussi complet, aussi instructif et aussi populaire.

L'influence que sa publication exerça fut profonde et rapide. Les compagnies d'assurances existantes se hâtèrent toutes de profiter des enseignements de Price. Les fondateurs de l'*Equitable* eux-mêmes vinrent remercier le docteur de ses avis et le prier de reviser leurs plans. Price le fit, en proposa de nouveaux plus justes et plus calculés, et établit définitivement cette compagnie sur des bases si mathématiques qu'elle devint en peu d'années la plus riche et la plus célèbre de l'Angleterre. Aujourd'hui encore nulle ne jouit autant que l'*Equitable* de la confiance publique : elle est parvenue à un degré de prospérité inouïe, et les contrats féconds que chaque jour elle passe avec une foule de particuliers, vont porter dans toutes les classes de la société anglaise, avec le goût éclairé de l'économie et la noble habitude du sacrifice, la sécurité, la moralité et l'aisance[1].

La science mathématique des hasards a pris souvent un vol plus hardi que dans le traité du

[1] Voyez Price, *Observations on reversionary payments*, chap. II, sect. VII, et Morgan, *Doctrine of Annuities*, 1779, *Introduction*.

docteur Price, elle n'a jamais pris une direction plus utile. En liant l'histoire du Calcul des probabilités à l'histoire de la bienfaisance, le philosophe anglais a donné à ce calcul celui de ses titres dont la postérité reconnaissante se souviendra le plus souvent et le plus longtemps.

La forte initiative que venait de prendre l'Angleterre était bien faite pour entraîner les autres nations; et il eût été surprenant que l'exemple de Price ne trouvât hors de son pays aucun imitateur.

Il en trouva bientôt un fort illustre en Allemagne, Euler lui-même.

Nous avons déjà vu ce grand homme, entre Daniel Bernoulli et Laplace, se mêler dans la mesure qui appartenait à son génie aux travaux d'analyse qui, de toutes parts illustraient le Calcul des probabilités à son époque, mais les belles études de Price furent pour lui l'occasion de concourir d'une autre manière encore aux progrès de la science des hasards.

Déjà en 1760, il avait par des *Recherches sur la mortalité et la multiplication du genre humain et sur les rentes viagères*[1], montré son goût pour l'application du calcul aux événements de la vie

[1] Mém. de Berlin, 1760.

civile, en donnant un abrégé de toute l'algèbre nécessaire en ces sortes de recherches et principalement pour déterminer la population probable des États après un certain nombre d'années, et la valeur actuelle des annuités de différents genres; mais en 1776, un de ses disciples les plus intelligents et les plus assidus, Nicolas Fuss, publia sous sa direction un ouvrage très-curieux[1] où étaient exposés avec une généralité remarquable les principes essentiels des établissements d'assurances, où les statuts erronés d'une compagnie allemande, alors sur le point de se constituer, étaient discutés et corrigés avec le plus grand soin, où enfin l'auteur lui-même proposait le plan d'une nouvelle tontine qui, ayant de ces anciens et ruineux expédients de finance, la forme ingénieuse sans en présenter les périls, pouvait être une source de richesse pour les particuliers et pour l'État: publication remarquable qui contribua extrêmement à populariser les so-

[1] *Éclaircissements sur les établissements publics en faveur tant des veuves que des morts*, etc. Petersb., in-4°; ouvrage devenu très-rare et l'un des plus intéressants du Calcul des probabilités. Il faut joindre à sa lecture, pour l'éclaircir et la compléter, le mémoire du grand géomètre, *Quantum duo conjuges persolvere debeant*, etc., inséré dans la publication posthume de ses *Opuscula analytica*, Petrop., 1783, in-4°, t. II, p. 315, sq.

ciétés d'assurances en Allemagne et à les y établir sur d'excellents principes.

Enfin l'exemple gagna la France, et elle se décida à entrer, elle aussi, dans la voie rouverte par l'Angleterre de la pratique et de l'application.

Ce ne fut cependant pas le calcul des assurances sur la vie qui d'abord occupa nos économistes et nos géomètres.

De 1777 à 1786, où en France comme partout, la science mathématique des probabilités quitte la voie de la pure analyse pour celle des recherches d'économie civile et politique, tout le monde s'occupe d'études générales sur les probabilités de la durée de la vie en divers endroits, sur la mortalité comparée de différentes villes, sur la proportion des naissances et des décès, sur le rapport des naissances des deux sexes, sur les lois du progrès et du décroissement des populations, et tout ce qui est relatif à ce sujet. Buffon donna le signal de ces travaux en publiant, dans un supplément[1] à sa grande histoire, des tables nombreuses de naissances, de mariages et de morts remplies d'intérêt. Après lui, Moheau[2],

[1] *Supplément*, t. IV, 1777.

[2] *Recherches et considérations sur la population de la France*, 1778, in-8°.

Messance[1], le ministre Necker[2], Duséjour, Condorcet et Laplace[3] enfin lui-même, s'occupèrent avec persévérance de l'étude des lois de la population et des moyens abrégés que l'Analyse des hasards pouvait fournir pour opérer le dénombrement des peuples. Moheau s'étant aperçu que le nombre des naissances et celui des décès offraient peu de variations dans une société dont la marche n'était point troublée par de grands désordres naturels ou politiques, chercha à déterminer le rapport de ces nombres avec la population générale, en faisant ensemble le relevé des naissances et des morts dans diverses parties d'un même État pour plusieurs années, et le dénombrement exact de la population de ces parties; il obtint de la sorte un rapport moyen qui lui parut propre à faire connaître la population de l'État entier. Laplace, avec l'originalité de génie qu'il mettait à tout, s'empara de cette idée, l'approfondit, et parvint à formuler d'une manière générale, l'un des principes les plus ingé-

[1] *Essai pour connaître la population du royaume*, suite de mémoires publiés de 1783 à 1788 dans le Recueil de l'Acad. des sciences. Duséjour, Condorcet et Laplace ont pris part à cette publication.

[2] *De l'administration des finances*, 1784, chap. IX-XIII.

[3] *Mémoire sur les naissances*, etc. Recueil de l'Acad. des sciences, 1786.

nieux que le Calcul des probabilités ait fourni à l'économie politique, savoir : que dans les contrées où le nombre des morts est sensiblement égal à celui des naissances, la population étant à peu près stationnaire, le nombre d'années qui exprime la durée moyenne de la vie est le vrai rapport de la population aux naissances annuelles, et qu'il suffit de multiplier ces naissances par ce rapport pour avoir la population totale. Ces travaux qui exigèrent de très-patientes recherches, occupèrent près de dix années les mathématiciens français ; le recueil de l'Académie des sciences, jusqu'en 1788 encore, est rempli de mémoires qui y sont tous exclusivement relatifs.

On ne peut nier assurément leur importance. Cette importance cependant était loin d'être comparable à celle des belles études et de Price et d'Euler, et l'établissement mathématique que ces deux grands hommes venaient de faire en Angleterre et en Allemagne des assurances sur la vie, était une conquête d'une bien autre portée et d'un bien autre avenir.

Le bruit de cette conquête arriva enfin jusqu'en France, commença par y émouvoir les académies, et passant des académies dans le monde, en vint jusqu'à exciter à un très-haut degré, l'attention des particuliers, des hommes de finance et du gouvernement lui-même.

L'écrit français d'Euler fut bientôt entre les mains de tous nos géomètres; le grand ouvrage de Price, bien qu'il ne fût pas traduit et que la langue anglaise fût alors peu connue dans notre nation, trouva cependant aussi des lecteurs. Cette lecture suscita vers 1780, plusieurs publications intéressantes sur la doctrine des annuités et la théorie mathématique des assurances sur la vie, qui commencèrent à répandre dans le public l'idée de ces utiles établissements et la connaissance élémentaire des principes sur lesquels ils reposent. Un ouvrage très-facile à lire de Saint-Cyran[1], un traité plus approfondi de Deparcieux[2], neveu de l'académicien, mais à la portée encore des économistes les moins géomètres, vulgarisèrent promptement le peu de secrets d'algèbre nécessaires à posséder, pour constituer une société d'assurances.

Enfin, en 1787, un sieur de Gesmes, directeur d'une compagnie d'assurances contre l'incendie, se présenta devant le Conseil du Roi, pour obtenir l'autorisation d'assurer la vie des hommes.

[1] *Calcul des rentes viagères*, etc., 1779, in-4°.

[2] *Traité des annuités*, etc., 1781, in-4°.

La proposition fut longuement délibérée, mais après une information très-étendue, un Arrêt du Conseil[1] fortement motivé, s'appuyant à la fois sur les avantages évidents que les particuliers et l'État pouvaient retirer de pareilles entreprises, et les succès notoires qu'elles avaient obtenus déjà en Angleterre et en Allemagne, autorisa sous le nom de Compagnie Royale d'Assurances sur la vie la première institution de ce genre qu'on ait vue dans notre pays.

Il arriva malheureusement que les hommes qui avaient obtenu ce privilége, n'y avaient cherché qu'une odieuse occasion de profiter de l'ignorance publique, et de spolier tous ceux qui devaient, pour leur ruine, avoir confiance en leurs promesses. L'organisation générale de la société n'était qu'une duperie, les prétendus calculs sur lesquels on l'avait fondée, qu'un masque et qu'un leurre. En vain un honnête homme, géomètre d'un grand mérite, Duvillard, démontra-t-il[2] avec la dernière netteté, qu'aux conditions offertes par cette soi-disant compagnie d'assurances, il y aurait plus d'avantage à continuer

[1] Du 3 novembre 1787. Le préambule et le dispositif en sont fort curieux. On y trouve ordinairement joint le prospectus de la Compagnie, pièce d'une remarquable valeur historique.

[2] *Plan d'une association de prévoyance*, 1790.

comme auparavant à placer ses deniers chez les banquiers ou sur l'État; en vain, un publiciste ardent, qui, à quelques années de là allait être le premier orateur de son pays et de son siècle, Mirabeau lui-même, dénonça-t-il avec une rare énergie[1] les vues de basse avidité dans lesquelles de Gesmes avait formé son entreprise; la nouveauté, l'appât du gain attirèrent une affluence considérable, et bientôt, quand toutes les souscriptions furent remplies, un agiotage effréné éclatant tout d'un coup, répandit une panique universelle et enrichit les gérants des dépouilles des souscripteurs. Tristes auspices! Inauguration déplorable d'une institution de bienfaisance, de morale et d'économie!

Une entreprise d'un autre genre, plus odieuse encore, ajouta bientôt aux scandales et aux désastres causés par la Compagnie Royale.

En 1790, un certain Lafarge, personnage de-

[1] Dans son violent et remarquable factum intitulé : *Suite de la dénonciation de l'agiotage*, 1787-1788. Mirabeau n'était malheureusement, il est vrai, en cela, inspiré que par la passion et son intérêt privé. Une compagnie rivale, qu'un certain Feuchères voulait établir sous le nom de *Chambre d'accumulation d'intérêts,* et qui s'efforçait vainement d'obtenir un Arrêt du Conseil pour se constituer, avait payé l'indignation du peu scrupuleux publiciste.

[2] Voyez le *Moniteur,* séance de la Constituante, du 30 octobre 1790.

puis trop fameux, vint proposer à l'Assemblée Constituante le plan d'une sorte de tontine, où l'État devait trouver le moyen de transformer son perpétuel en viager, et les particuliers une caisse d'épargne qui, aux bénéfices des institutions ordinaires de ce genre, réunirait les bénéfices aléatoires d'une société mutuelle d'assurances sur la vie. Lafarge affirmait que ses calculs avaient l'approbation de l'Académie des sciences; il mentait[1]: l'Académie, au contraire, les avait expressément condamnés. Mirabeau eut le triste courage de mettre sous la protection de son éloquence le désastreux projet. L'Assemblée, il est vrai, éclairée par les économistes et les géomètres qu'elle comptait dans son sein, refusa sa sanction[2], mais Lafarge comptant sur la crédulité publique, ouvrit ses bureaux, attira la foule, et quelques mois après la ruina.

On ne fut pas longtemps à apercevoir que ce n'était pas sur les principes de l'algèbre, mais sur une odieuse confiance dans l'ignorance universelle, qu'à l'exemple des fondateurs de la Compagnie Royale, Lafarge avait assis les bases de son entreprise. Mais quand on s'aperçut du

[1] Voyez à cet égard la déclaration positive de Fourier, *Rapport sur un projet de tontine*, *Moniteur* du 4 octobre 1821.

[2] Voyez le *Moniteur*, séance de la Constituante du 3 mars 1791.

péril, le moment de le prévenir était déjà passé. Il en résulta pour les fortunes privées des pertes sensibles et qui furent profondément ressenties. Un regret amer s'empara de l'esprit des victimes de cette coupable tentative, et toute cette génération trompée conçut contre les Assurances sur la vie une défiance invincible qu'elle légua à la génération suivante, et qui se prolongeant de longues années encore, devait, en expiation du crime de quelques aventuriers et de la folle confiance d'un temps peu éclairé, retarder jusqu'à nos jours l'établissement définitif de ces fécondes institutions.

C'est sur ces tristes événements que se ferme, vers 1792 environ[1], la carrière des applications

[1] Il convient de rappeler cependant qu'en 1781 l'Académie des sciences proposa, pour sujet du grand prix de mathématiques à décerner en 1783, une *Théorie des Assurances maritimes*. Il ne vint aucun mémoire. Le sujet fut inutilement remis au concours pour 1785. Enfin, à la troisième fois, l'Académie reçut en 1787 deux ouvrages entre lesquels elle partagea le prix. Les auteurs étaient, Bicquilley, garde du corps du roi, et M. Lacroix, dont depuis toute la génération de l'empire a suivi les leçons. Le mémoire de Bicquilley fut refondu par lui dans une nouvelle édition qu'il donna en 1805 de son traité *Du calcul des probabilités*, publié déjà en 1783. Celui de M. Lacroix, singulièrement revu et augmenté, a produit depuis son célèbre *Traité élémentaire des probabilités*, 1816, in-8°. L'Académie des sciences, excitée par le succès qu'avait enfin obtenu son programme, se décida alors à mettre au concours pour 1791 la *Construction des meilleures tables*

à l'économie civile que vingt années auparavant les Anglais avaient rouverte à la théorie mathématique des hasards. L'époque en elle-même avait été cependant fort brillante et digne de ses aînées. La déplorable conclusion qu'elle eut en France ne doit pas, en effet, fermer les yeux sur l'éclat et la solidité des études, qui jusqu'alors, l'avaient remplie. Les travaux de Price et d'Euler sur les assurances, les recherches des géomètres français sur la mortalité et la population, donneront toujours à cette période de l'histoire du Calcul des probabilités un remarquable caractère d'utilité et de grandeur.

Au moment où elle s'arrêta, le siècle lui-même touchait à sa fin. Il était chargé d'ans, de découvertes et de travaux; il pouvait s'éteindre : il avait acquis dans l'histoire de l'Analyse des chances des titres immortels. Depuis quatre-vingts ans bientôt que Jacques Bernoulli avait commencé la fortune de cette analyse, chaque année de son existence avait été marquée par les perfectionnements nouveaux qu'il y avait appor-

pour la pratique du calcul des assurances maritimes; mais la révolution dérangea ce projet. Voyez Montucla, ou plutôt Lalande, qui ici le continue, *Hist. des math.*, III, 423; le *Journal des Savants* de juin 1781, juillet 1783, et juin 1785; et l'*Hist. de l'Acad.*, année 1787.

tés. Il pouvait se retirer devant des temps plus jeunes, sa vie était pleine, ses annales témoignaient à chaque ligne de sa persévérance et de son génie.

Il restait cependant un suprême effort à tenter, dont le XVIIIe siècle, tout prêt de mourir qu'il était, ne voulut néanmoins laisser intact à personne le difficile et brillant héritage.

On se rappelle le vaste programme en cours d'exécution duquel l'*Ars conjectandi* s'était autrefois si brusquement interrompu. Une théorie philosophique du Calcul des probabilités, un ensemble de principes et de méthodes analytiques exclusivement affectés à son usage, une application régulière de ces méthodes et de ces principes à la détermination de la vraisemblance des jugements humains dans les sciences politiques et morales, tel était l'immense projet que Jacques Bernoulli, ne comptant pas assez avec l'insuffisance des ressources de son temps, s'était, dans l'emportement du génie, proposé de réaliser. On a vu comment ce grand homme était parvenu déjà à constituer une théorie philosophique du Calcul des probabilités, acceptée après lui de tous les géomètres, à doter ce calcul du plus fécond peut-être de ses principes, à découvrir enfin l'ensemble universel des applications dont il le croyait susceptible. Il était mort laissant le reste à faire. Tout son siècle s'en était porté l'héritier, et au moment où nous voilà parvenus, ce siècle avait rempli déjà avec une fidélité religieuse presque toutes les charges de l'énorme succession. Théorie, analyse, applications, il n'avait rien négligé, il avait tout étendu et tout fait avancer. On aurait pensé qu'il s'était donné la tâche de tenir jusqu'au bout les promesses de l'*Ars conjectandi*.

Pour qu'il pût se vanter de les avoir entièrement tenues néanmoins, il y avait encore tout un genre d'applications où la théorie des hasards ne s'était jusque-là qu'à peine aventurée, dont il fallait enfin qu'il entreprît l'étude, et, en la supposant possible, qu'il réalisât la conquête : c'étaient les applications du calcul à l'estime de la vraisemblance dans les jugements que nous portons sur les choses de l'ordre moral, comme par exemple, les témoignages, les décisions rendues à la pluralité des voix, l'avenir de certains événements politiques et sociaux et en général tous les faits dont la production dépend de la liberté des déterminations humaines.

Tâche immense, faite pour étonner, et s'il faut le dire même, pour effrayer l'esprit.

Il semble qu'un instinct secret eût averti tout

le XVIIIe siècle de ne l'aborder que la dernière et de la réserver pour les temps de la plus grande virilité du Calcul des hasards, alors que non-seulement la théorie et l'analyse de ce calcul se seraient assez affermies pour y suffire, mais encore qu'exercé de longue main à des applications de plus en plus difficiles et de plus en plus étendues dans le domaine des jeux et dans celui de l'économie civile, quand il arriverait à cette tentative suprême, il eût assez d'audace et de fonds pour l'oser.

Enfin, dans les dernières années du siècle, un mathématicien français d'une grande célébrité, résolut à lui seul de conduire cette entreprise à terme.

Ce mathématicien fut l'illustre et infortuné Condorcet.

Ami particulier de d'Alembert et de Turgot, Condorcet avait singulièrement accru dans la conversation de ces grands hommes un fonds déjà fort riche de connaissances et de savoir. Également versé dans l'algèbre et dans l'économie, il était de tout point par son génie et ses lumières, en état de suffire aux recherches de toute nature où son dessein était capable de l'entraîner. Géomètre presque dès l'enfance, rompu par de fortes études d'astronomie et de haute analyse aux difficultés les plus savantes, il n'était pas de question mathématique dans la vaste carrière où il se lançait qu'il ne fût en état d'entendre et de résoudre; porté par goût depuis longtemps vers l'examen des problèmes dont la solution intéresse le progrès des sociétés et le perfectionnement de leurs institutions, il avait, à propos de ces problèmes, rassemblé déjà bien des vues, élaboré bien des projets, et les questions de politique qu'il était exposé à rencontrer dans son nouveau travail, le devaient trouver aussi prêt que les questions d'algèbre.

La nature avait autant fait que l'étude pour rendre Condorcet propre à son entreprise.

Esprit ardent, aventureux, inquiet, l'inconnu et l'extraordinaire en tout, étaient ses dieux. Une philosophie singulière lui avait persuadé que l'espèce humaine était appelée dans le temps à une perfectibilité indéfinie, par suite, que rien ou presque rien ne lui était impossible, que l'intelligence finirait un jour par tout conquérir et qu'à l'aide de l'algèbre principalement, l'instrument le plus accompli dont la nature et l'art l'eussent armée, elle était dès cette vie capable de tout étudier et de tout pénétrer : avec de pareils principes, il n'était rien qu'il doutât d'entreprendre, dans le bien de l'humanité d'ailleurs, dont il y aurait une amère injustice à oublier jamais, qu'il fut jusqu'à la mort, l'ami aussi désintéressé que sincère.

Ce fut en 1781 que Condorcet commença de consacrer ses veilles à l'étude et au perfectionnement du Calcul des probabilités, et depuis lors jusqu'au jour où la révolution vint l'arracher à la solitude et la mort briser prématurément sa carrière, tous ses loisirs et tout son génie furent exclusivement dévoués à cet unique objet.

Il passa d'abord trois années à se familiariser avec ce calcul, à en étudier les règles générales, les méthodes et les principaux genres d'applications. Ces recherches produisirent de 1781 à 1783 les quatre premières parties d'un vaste et beau mémoire[1] où l'ingénieux géomètre déposa les résultats de longues réflexions sur tout le passé de la théorie des hasards, résultats précieux, dont la découverte faisait également honneur au philosophe et à l'analyste. Condorcet, dans ce travail, proposait sur la règle, alors universellement reçue de prendre pour valeur d'un événement incertain, la probabilité de cet événement multipliée par la valeur de l'événement en lui-même, et sur la méthode

[1] *Recueil de l'Acad. des sciences*, années 1781, 1782, 1783.

récemment perfectionnée par Laplace, de déterminer la probabilité des événements futurs d'après l'observation des événements passés, des réflexions pleines de géométrie et de sens, échappées à tous ses devanciers. Il se livrait aussi à des recherches entièrement neuves sur la question autrefois agitée par Daniel Bernoulli de savoir jusqu'à quel point un arrangement régulier peut être l'effet d'une intention de le produire. Il donnait enfin sur la manière d'évaluer quelques droits éventuels qui avaient survécu à la destruction du régime féodal, des règles qui peuvent être mises à côté de ce que de Moivre, Price et Euler lui-même avaient prescrit de plus ingénieux pour le calcul des rentes à vie.

Condorcet ne donnait cependant encore là que les prémices de son génie.

A la fin de 1783 et dans le courant de 1784, il montra dans une cinquième et dernière partie[1] du mémoire qui l'occupait déjà depuis trois ans, que ces premiers travaux n'étaient que les préliminaires d'une publication plus originale et plus hardie.

Cette dernière partie, en effet, fut consacrée à l'appréciation mathématique de la vraisemblance

[1] *Recueil de l'Acad. des sciences*, année 1784.

que pouvait avoir un fait extraordinaire attesté par le témoignage de l'homme.

C'était entrer audacieusement dans la carrière des applications du Calcul des probabilités aux choses de l'ordre moral, et déclarer nettement une résolution bien prise d'emporter de haute lutte, les palmes d'une victoire refusée jusque-là à tout le siècle.

Le détail du mémoire répondait, par le choix des difficultés où l'aventureux géomètre s'était de préférence arrêté, à la hardiesse de son dessein.

Condorcet, après avoir exposé toute une théorie mathématique de la détermination de la moindre et de la plus grande vraisemblance des événements extraordinaires, suivant le degré comparatif de la possibilité de ces événements et l'état présumé de la véracité des témoins, passait sans hésiter de la doctrine à l'exemple et prenant au hasard dans l'histoire romaine quelques faits attestés par la tradition et peu en harmonie avec les habitudes observées du cours de la nature, déterminait, par voie analytique, la probabilité absolue de leur existence dans le passé, et le degré de vraisemblance du témoignage historique qui les avait transmis.

Ce mémoire qui étonna les contemporains, assura dès lors à Condorcet dans l'histoire du

Calcul des probabilités une place unique, la dernière après tous les travaux du siècle, qui restât encore à y prendre, et l'annonça à la postérité comme le créateur d'un genre d'études à peine effleuré avant lui, et le plus extraordinaire assurément de tous ceux que la découverte de Pascal et de Fermat eût jamais suscités.

Il ne tarda pas à acquérir définitivement ce titre par une publication décisive, la plus savante qu'il lui fût réservé de faire, et où le Calcul des probabilités trouva l'acte solennel de sa prise de possession de l'univers moral.

Nous voulons parler du célèbre *Essai sur l'application de l'analyse à la probabilité des décisions rendues à la pluralité des voix*, qu'il méditait depuis longues années et qu'enfin, au milieu de la curiosité et de l'étonnement universels, il mit au jour en 1785.

Cette remarquable composition, le traité de la plus longue haleine et du plus ambitieux dessein qui jusque-là, dans les cent cinquante ans d'existence de la théorie des hasards, eût attiré l'attention publique, par la nature des matières que l'auteur entreprend d'y soumettre au calcul, l'adresse des hypothèses auxquelles il se livre dans cet objet, la nouveauté des méthodes analytiques dont il fait usage, les vues immenses qu'il découvre à la géométrie, et, par-dessus tout cela, la sécurité sans égale avec laquelle il travaille à la conquête de la terre vierge encore où il aborde le premier, restera dans l'histoire de l'intelligence de l'homme comme un des plus naïfs et des plus éclatants témoignages de l'insatiable avidité de ses désirs et de ses espérances.

Condorcet a fait précéder l'ouvrage proprement dit d'une longue introduction dont la plus grande partie est consacrée à une exposition systématique des principes fondamentaux du Calcul des probabilités. Il remonte d'abord jusqu'aux définitions de l'*Ars conjectandi*, les explique, les développe et s'efforce de toute manière de les mettre dans le plus grand état de précision et de clarté. Il entre à ce sujet dans le détail d'une philosophie singulière qu'il dit avoir apprise de la bouche de Turgot, et où l'on découvre avec étonnement tous les germes de l'antique scepticisme que venait de renouveler avec éclat dans ce siècle, l'esprit puissant et faux du dernier et du plus conséquent des disciples de Locke, David Hume. Ces considérations préliminaires sont suivies d'une théorie abrégée des grandes règles de l'Analyse des hasards, depuis la règle connue déjà de Pascal et de Fermat jusqu'au principe récemment entrevu par Bayes et démontré par Laplace. Cet abrégé, perpétuellement mêlé de réflexions originales de l'auteur, mérite encore, même après tout ce qui a été fait depuis en ce genre, l'étude des géomètres. Enfin arrive une esquisse fort étendue du plan général de l'ouvrage.

Ce plan comporte cinq parties très-bien liées les unes aux autres et chacune d'un vaste développement.

Condorcet divise toutes les décisions rendues par les assemblées humaines en deux grandes classes. Dans la première, il range les décisions regardées comme valables, quelle que soit la pluralité qui les forme; dans la seconde, les décisions qui ne sont tenues pour obligatoires pour les minorités, que quand elles réunissent en leur faveur un nombre de voix déterminé à l'avance. Il considère quatre points essentiels relativement à la probabilité des décisions de toute nature, la probabilité qu'une assemblée ne rendra pas une décision fausse, celle qu'elle rendra une décision vraie, celle qu'elle rendra une décision vraie ou fausse, la probabilité enfin de la décision supposée rendue à une pluralité certaine et fixe. La première partie est consacrée à la détermination mathématique de la probabilité des décisions sous tous ces aspects, pour des assemblées composées de votants ayant par hypothèse une égale justesse d'esprit, des lumières du même degré, opinant tous de bonne foi, n'exerçant aucune influence les uns sur les autres, d'un nombre déterminé, devant aller aux voix dans une forme de scrutin désignée et se résoudre à une pluralité connue. La deuxième partie ne suppose plus que l'égalité de la valeur des voix et la connaissance de la probabilité qui résulte du jugement d'une assemblée donnée ou de la probabilité qu'on doit exiger pour se confier à une décision; et avec ces éléments, Condorcet entreprend de déterminer l'hypothèse de pluralité qu'il convient de choisir et la probabilité de la voix de chaque votant. La troisième partie est employée tout entière à l'exposition d'une méthode pour reconnaître *a posteriori*, le degré de probabilité d'un suffrage ou de la décision d'une assemblée, et le juste degré de probabilité qu'on doit dans tous les cas regarder comme suffisant. Dans la quatrième partie, qui passe encore les autres en nouveauté et en hardiesse, Condorcet, quittant le domaine étroit des abstractions et des hypothèses où il s'était renfermé, entreprend de considérer non plus des assemblées chimériques et fictives comme celles qui ont fait jusque-là l'objet de ses études, mais une assemblée réelle et vivante, dont les membres sont inégaux en justesse d'esprit et en lumières, les voix, de probabilités inconstantes, soumises réciproquement à l'influence l'une de l'autre, viciées par la mauvaise foi, exposées enfin à toutes les variations que le mode de scrutin peut introduire, et opérant sur ces réalités comme auparavant il avait fait sur de simples hypothèses, il les traite sans hésitation par le calcul. Enfin, l'ouvrage se termine par des applications considérables des principes exposés dans les premières parties. Condorcet entreprend de faire voir qu'en suivant ces principes, un géomètre peut arriver à déterminer en toute exactitude, la vraisemblance de la justesse des décisions des tribunaux, tant en matière civile qu'en matière criminelle, la bonté comparative des différentes formes d'élection, soit en usage, soit proposées jusque-là par les publicistes, et enfin les probabilités variables de la résolution d'une assemblée où le nombre des votants devient de plus en plus considérable et la probabilité de la voix des nouveaux venus de plus en plus petite. Il est vrai que dans ces applications, tous les résultats sont exprimés uniquement en algèbre, mais l'auteur ne fait aucun doute qu'un jour, et dans un avenir très-rapproché, la statistique aura réuni assez d'observations pour pouvoir traduire ces équations analytiques en nombre précis et qui parleront avec une éloquence auparavant inconnue, le langage de la législation, de la jurisprudence et des affaires.

Telle est dans ses divisions générales, sa suite, son caractère et son dessein, la grande composition par où Condorcet a ouvert au Calcul des probabilités, la carrière des sciences morales.

Un style embarrassé, dénué de justesse et de coloris, une philosophie souvent obscure ou bizarre, une analyse que les meilleurs juges ont trouvée confuse, tels sont, sans préjuger d'ailleurs la légitimité de l'innovation de Condorcet, les défauts de l'ouvrage où il en a consigné les principes : des idées ingénieuses et neuves, des méthodes originales, quelques traits d'une véritable éloquence, en font le mérite et les beautés. Ce qui surtout y attache et y frappe, quelque opinion que l'on puisse avoir de la durée de son entreprise, c'est l'enthousiasme profond avec lequel il l'accomplit. Il y a jusque sous cet appareil d'algèbre et sous la glace de ces séries sans fin d'équations et de formules un feu secret et ardent qui fait involontairement penser à cette définition donnée par d'Alembert du caractère de son disciple : « c'est un volcan couvert de neige. »

L'*Essai sur la probabilité des décisions* fut accueilli par tous les géomètres de l'époque avec une faveur qui s'adressa moins encore à la beauté des artifices d'algèbre dont était rempli l'ouvrage, qu'à la nouveauté extraordinaire de l'application qui y était faite de l'Analyse des hasards. Condorcet passa pour en avoir trouvé les colonnes d'Hercule, et les mathématiciens surent un gré infini à l'aventureux novateur d'avoir osé une entreprise devant laquelle jusqu'alors le siècle entier avait reculé.

Ce succès cependant trouva des alarmistes et des contradicteurs, et en dehors de la géométrie, nombre d'esprits se rencontrèrent parmi les publicistes, les critiques et les philosophes, que ces étonnants travaux séduisirent moins qu'ils n'effrayèrent, et qui, rappelant les doutes autrefois élevés par d'Alembert à l'occasion des premières tentatives de ce genre essayées par Daniel Bernoulli, demandèrent avec éclat de quel droit on prétendait importer ainsi l'algèbre en histoire et en jurisprudence. On admira qu'un géomètre, d'une si grande réputation de philosophie, eût pensé que l'analyse fût propre à remplacer la logique dans l'estime de tout jugement de vraisemblance, de quelque nature qu'il pût être et de quelques éléments qu'il fût formé; on s'étonna qu'il eût osé chercher jusque dans la probabilité d'événements à la production desquels concourt pour la meilleure part, l'indéterminable liberté de l'homme, une matière à géométrie. Quelques-uns[1] même ne balancèrent pas à exprimer publiquement un blâme formel, et allèrent jusqu'à déclarer que le projet de créer une arithmétique des vraisemblances morales, était une pensée dangereuse, aussi opposée au vrai caractère des mathématiques qu'aux intérêts bien entendus de la philosophie, que dans une pareille entreprise on méconnaissait à la fois le génie de deux sciences et qu'enfin cette distraction violente de la plus considérable partie des attributions de la logique au profit de l'analyse, n'avait pas l'ombre d'un droit dont elle pût raisonnablement s'étayer.

La rumeur fut bruyante et longue; mais Condorcet était le dernier homme sur l'esprit duquel la critique et même la plus acharnée, pût faire quelque impression. Il était comme tous les systématiques, de ce grand sentiment, qu'il faut se

[1] Voyez Laharpe, *Cours de Littérature*, 3e Part., Introduction.

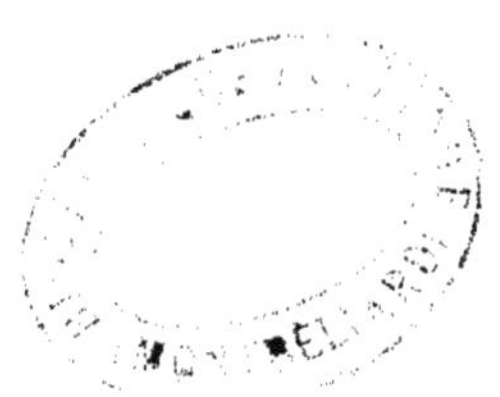

reposer sur l'avenir du soin de décider si une entreprise scientifique nouvelle est stérile ou féconde. Il pensait que l'histoire est la grande école de l'esprit humain, qu'elle dit tôt ou tard la vérité sur les systèmes, qu'elle tranche souverainement à un jour donné, les difficultés qui agitent et divisent inutilement les contemporains; qu'en donnant aux théories le temps de produire toutes leurs conséquences, elle les mène naturellement à se justifier ou à se confondre elles-mêmes: que si ces théories aboutissent à de saines conclusions, la sûreté de leurs principes ressort dans tout son éclat, que si au contraire, parvenues à leurs derniers développements, elles sont en contradiction manifeste avec le sens commun, c'est une démonstration sans réplique de la fausseté de leurs maximes. Tout entier à ces idées, il ne s'émut en aucune manière du soulèvement que la hardiesse de son livre excita et attendit en silence l'équitable jugement de la postérité.

Loin d'ailleurs d'être ébranlé par les objections, quelque fortes qu'elles fussent, qui s'attaquaient au principe même de sa théorie, il ne s'occupa qu'à la perfectionner et à l'étendre, et dans les dernières années de sa vie, ce penseur singulier méditait un dessein près duquel tout ce qu'il avait osé jusque-là n'était en comparaison presque rien.

On a retrouvé dans ses papiers[1] le plan de cette entreprise nouvelle dont la mort ne lui permit pas de tenter l'exécution, mais qui était depuis longtemps déjà arrêtée dans son esprit.

Il s'était représenté[2] les sociétés humaines comme de grandes constructions géométriques, où tout arrivait comme dans la nature, d'après des causes constantes et fixes, auxquelles le libre arbitre de l'individu, après de plus ou moins grands écarts, finissait toujours par obéir. En suivant cette idée, il en était venu à imaginer qu'il n'était pas plus impossible de déterminer la probabilité des événements futurs par l'observation des événements passés dans le monde de la liberté que dans celui du destin, et il se promettait de créer une science nouvelle à laquelle il avait donné d'avance le nom singulièrement expressif de *Mathématique sociale*, où le géomètre se serait proposé pour objet de calculer

[1] C'est de là que ses éditeurs tirèrent ses *Éléments du Calcul des probabilités*, et à la suite son *Tableau général de la science*, in-8°, 1805, où toutes ses idées sur la *Mathématique sociale*, sont exposées.

[2] Voyez à cet égard son Discours de réception à l'Académie française : *De l'union des sciences physiques et des sciences morales*. 1782.

les révolutions à venir des sociétés humaines, comme il calcule à l'avance les retours périodiques des éclipses et des comètes. Conception véritablement prodigieuse qu'il n'eut que le temps à peine d'exprimer, mais qui ne devait pas mourir avec lui.

C'est par ce projet extraordinaire que se clôt définitivement en 1793, l'histoire du Calcul des probabilités au XVIIIe siècle.

Si l'auteur de l'*Ars conjectandi* fût alors revenu au monde et qu'il eût vu avec quelle persévérance toute la suite de son temps avait continué ses desseins, il eût sans doute éprouvé un grand mouvement de satisfaction et d'orgueil. Tout ce qu'il avait voulu faire était fait. Quatre-vingts années de travaux avaient achevé cette œuvre : il s'était survécu à lui-même dans toute une postérité de géomètres de génie, qui avaient scrupuleusement suivi ses plans et réalisé ses pensées. Fortune singulière que les idées des plus sublimes inventeurs n'ont pas toujours eue et qui donne à la forte ébauche de l'*Ars conjectandi*, la valeur d'une véritable charte dans l'histoire de la théorie des hasards.

En dehors des plus grandes promesses de cette charte cependant, en dehors surtout du cadre que Jacques Bernoulli y avait tracé aux recherches de ses successeurs, il se trouvait, quand le XVIIIe siècle s'éteignit, une tâche nouvelle à accomplir, aussi vaste que difficile, dont les plus lointaines prévisions n'auraient pu d'avance assigner l'origine, mais dont les temps étaient enfin venus.

A la publication de l'*Ars conjectandi*, le mouvement général des intelligences avait été de se dévouer à l'achèvement de l'édifice dont Bernoulli avait laissé les bases, les premiers matériaux et le plan. Tout le monde s'était mis à l'œuvre et on était arrivé au bout du siècle à terminer enfin la construction. Il manquait cependant aux grands travaux qui avaient amené ce désirable résultat, un caractère très-important dans l'œuvre de la constitution d'une science.

Chacun, économistes et géomètres, philosophes et politiques avaient pendant toute la durée du siècle travaillé complétement à part, d'après un dessein à peu près uniforme sans doute, mais d'une manière isolée et sans se concerter ensemble, et c'était à l'aide de pièces de rapport que l'édifice commencé par Bernoulli était parvenu à son entier achèvement. Toutes ces pièces étaient éparses et disséminées. Il aurait fallu, pour les rassembler en un seul corps, les aller chercher en mille endroits divers. Si vous exceptez deux ou trois traités spéciaux de quelque étendue, comme ceux de Montmort, de Price ou de Condorcet, tout le reste était répandu en mémoires, dispersés eux-mêmes dans les recueils de toutes les Académies de l'Europe; quelquefois même le résultat des recherches les plus importantes était consigné dans de simples lettres ou perdu au milieu d'écrits, étrangers par leur titre ou leur objet principal, à la théorie mathématique des hasards. En sorte qu'on peut dire que si vers 1793 environ, cette vaste science était à peu près parvenue à son apogée, elle n'avait cependant point encore de monument capable d'en faire foi.

La tâche d'élever ce monument était le legs que le XVIIIe siècle épuisé laissait en finissant au nôtre.

Tâche immense, legs imposant et périlleux, que le génie seul était appelé un jour à recueillir.

Le temps en avait réservé la fortune et la gloire à ce géomètre immortel que nous avons déjà vu entre Euler et Lagrange, porter la théorie et l'analyse des chances, à un si haut degré de perfection et de splendeur, à Laplace.

L'ouvrage où Laplace a donné à la science mathématique des hasards, cette unité systématique qui lui manquait encore, après un siècle et demi d'existence, porte le titre aujourd'hui si célèbre de *Théorie analytique des probabilités* [1].

La *Théorie analytique des probabilités* est divisée en deux livres dont chacun peut être considéré comme un monument à part.

Le premier a pour objet le Calcul des fonctions génératrices que Laplace a donné pour base [2] à la théorie des probabilités; le second développe les principes généraux de cette théorie, et les applique, au moyen de l'analyse exposée dans le premier livre, à toutes les grandes classes de questions agitées jusqu'alors dans l'histoire de la science des hasards.

Au moment où Laplace publia son ouvrage, il y avait dans la tâche à l'accomplissement de laquelle il le destinait, un double but à atteindre et deux besoins fort liés, mais aussi très-distincts, à satisfaire. Il fallait premièrement réunir en un seul corps et abréger s'il se pouvait en une seule méthode, toutes les méthodes analytiques imaginées depuis Pascal, méthodes dont

[1] In-4°, 1812. Grossie plus tard de cinq suppléments successivement publiés en 1816, 1818, 1821 et 1825. Le dernier est en grande partie l'œuvre du fils de l'immortel géomètre, M. de Laplace aujourd'hui lieutenant-général.

[2] Il avait déjà exposé les principes généraux de cette grande invention dans un mémoire publié en 1809, dans le Recueil de l'Institut, *Sur les approximations des formules*, etc.

la diversité encombrait la science, dont le choix partageait ou embarrassait les esprits, dont le caractère souvent exclusif nuisait à l'uniformité et au concert des recherches, chacun parlant un idiome ou du moins un dialecte différent dans la circonscription d'un même genre d'études : il fallait en second lieu, enseigner par la grande démonstration de l'exemple, à appliquer à toutes les sortes de problèmes de probabilités, cette méthode unique, harmonieux et puissant produit de toutes les autres.

C'est dans ce double dessein que fut écrite la *Théorie analytique des probabilités*. Le premier livre en remplit la moitié, le second l'achève.

C'était une œuvre dont on ne mesure peut-être pas toute la difficulté, que de réunir en une seule espèce d'analyse les vingt sortes de procédés analytiques usités jusque-là dans la théorie des hasards. Mais Laplace était l'homme de ces réductions sublimes. On l'avait vu déja dans la *Mécanique céleste* en donner un éclatant et impérissable exemple. L'astronomie depuis Copernic, était venue entre ses mains, dans cette Iliade de la science des cieux, prendre les proportions et l'unité de l'œuvre d'un seul homme. On revit cette merveille dans la première partie de la *Théorie analytique*, composition où non-seulement le

Calcul des hasards depuis Pascal, mais même l'Algèbre entière depuis Viète et Descartes, se sont comme fondus en une science nouvelle dont on ne saurait dire si elle n'est pas plus encore la fille du génie que du temps.

Le Calcul des fonctions génératrices dans sa vaste simplicité, réunit l'analyse dispersée de deux siècles, de deux siècles qui avaient vu Descartes et Fermat, Leibnitz et Newton, Euler et Lagrange. Toutes lès méthodes connues de l'algèbre des chances, s'y rassemblent en une seule d'une souplesse et d'une étendue prodigieuses, qui se prête à l'étude mathématique des probabilités dans tous les ordres imaginables de la connaissance humaine.

C'est ce calcul qui semble le génie mathématique même des âges présent et assemblé, qui dans le second livre de la *Théorie analytique,* est appliqué par Laplace, après une exposition résumée des principes généraux de la science des hasards depuis Fermat jusqu'à lui-même, à toutes les questions possibles de probabilités; car l'immortel géomètre ne recule devant aucune, aux questions de jeu, aux questions d'économie civile, aux questions de philosophie naturelle, aux questions morales enfin, c'est-à-dire à celles qui résultent de l'incertitude des témoignages et des décisions des assemblées.

Il est impossible d'abréger un pareil ouvrage: on ne peut qu'en esquisser à grands traits la composition et le caractère, et renvoyer à sa lecture tous ceux qui peuvent avoir le bonheur d'esprit et de l'entendre. Laplace a fait une plus grande œuvre, puisqu'il a fait la *Mécanique céleste*, mais il n'en a pas fait où son génie de géomètre[1] ait jeté un plus vif éclat, ni qui soit plus capable de donner à la postérité la mesure entière de l'incomparable aisance avec laquelle il parlait la langue de l'analyse, et de l'adresse sans égale avec laquelle il en importait les procédés dans le domaine des sciences les plus ordinairement étrangères à leur action.

La publication de la *Théorie analytique* mit le comble à la gloire de son auteur. C'était une science entière que Laplace venait d'y constituer, une science dont les matériaux existaient déjà, sans doute, mais épars, peu en harmonie les uns avec les autres, qu'il fallait presque tous travailler de nouveau avant d'en faire emploi. Ajoutez que la partie la plus considérable peut-être de ces pièces de l'édifice était de lui : au siècle précé-

[1] C'était le sentiment de M. Poisson. Voyez les *Comptes rendus de l'Acad. des sciences*, t. II, p. 396.

dent, en effet, théorie, analyse, esprit d'application, il avait tout mûri et tout perfectionné; et si, dans l'unité profonde du Calcul des fonctions génératrices, il était des parties où les Bernoulli, et de Moïvre, et Euler, et Lagrange auraient pu revendiquer les droits de l'inventeur, il y en avait, et c'étaient les capitales, qui n'appartenaient qu'à Laplace : ce qui lui appartenait exclusivement surtout, c'était l'exécution de son ouvrage, exécution sans modèle, qui à elle seule, était le plus grand trait de génie qui eût encore étonné l'histoire de la théorie des chances.

La difficulté et l'étendue de cette immortelle composition n'avaient cependant ni épuisé son esprit, ni tandis que tout le monde autour de lui paraissait croire qu'il n'y avait plus rien à dire après la *Théorie analytique*, rempli toute sa pensée.

Laplace croyait avec raison qu'il ne faut pas seulement écrire pour les savants et pour les philosophes, qu'il faut écrire même pour le peuple, et que les théories les plus difficiles peuvent gagner à être exposées dans le langage ordinaire et rendues par certains endroits du moins, accessibles à tout homme de réflexion et de bon sens. Il avait montré déjà dans son élégante *Exposition du système du monde,* combien il était pénétré de ces idées, en ne craignant pas de publier, pour l'usage des personnes les moins familières avec l'astronomie, un ouvrage où elles pussent prendre au moins l'idée élémentaire de la construction générale des cieux et des principales découvertes que le génie de l'homme avait faites sur ce grand sujet. Il lui sembla que s'il était une science qui dût, pour plus de raisons encore que l'astronomie, être expliquée dans ses principes essentiels et ses résultats les plus palpables, avec cette popularité de langage qui est souvent si favorable au perfectionnement et à l'épreuve des théories, c'était une science comme celle des hasards, qui, si elle demandait ses bases à une philosophie très-abstraite et ses moyens d'action à une algèbre fort sublime, par la nature de ses applications cependant, était de plus en plus appelée dans l'avenir à se trouver mêlée à la législation, à l'économie, à la politique, à la pratique courante des affaires, aux matières dont tout le monde s'occupe, traite et parle.

Ces idées devinrent bientôt fécondes : deux ans après la *Théorie analytique*, elles se réalisèrent dans la publication[1] de l'admirable

[1] In-8°, 1814.

ouvrage qui porte pour titre *Essai philosophique sur les probabilités*.

Dans cet *Essai*, développement d'une leçon sur les probabilités, qu'il avait faite en 1795 à l'École normale, lors de la création de cet institut célèbre, Laplace, sans le secours de l'analyse, expose les grands principes et les grands résultats de la théorie des hasards, et montre, dans le dessein surtout d'attirer vers cet objet les méditations des philosophes, avec quelle facilité elle s'applique non-seulement à des problèmes de pure curiosité, mais aux questions les plus intéressantes de la vie des individus et des nations.

Après quelques considérations générales pleines de simplicité et de grandeur sur la liaison mathématique de tous les événements du monde, considérations qui l'amènent à faire connaître la possibilité et l'importance du calcul de la probabilité des choses à venir, il entre dans son sujet par une exposition détaillée des principes généraux de la théorie des hasards et des méthodes analytiques mises successivement au service de cette théorie par les géomètres ses devanciers ou lui-même. Il n'existe peut-être aucune exposition scientifique comparable pour la clarté, la précision et l'élégance aux cinquante et quelques pages que Laplace a consacrées à l'abrégé de ce grand sujet. Cette préface est suivie du tableau de tous les genres d'applications dont il jugeait le Calcul des probabilités susceptible, les jeux, les sciences naturelles parmi lesquelles il comprend, chose remarquable, jusqu'à la médecine, les sciences politiques et les sciences morales. L'étendue de cette partie de son ouvrage, elle en occupe plus des deux tiers, est mesurée à l'importance qu'il y attachait. C'est surtout vers l'usage de la théorie des hasards dans la vie, qu'il voulait attirer l'attention des publicistes et même des gens du monde, de là le détail dans lequel il entre à ce sujet, et la complaisance avec laquelle il démontre tous les avantages de l'introduction du Calcul des probabilités dans l'économie sociale. Un épisode d'une grande beauté vient mêler une magnificence étrangère aux développements de cette partie de l'*Essai*. Au chapitre où il s'étend sur les applications du calcul à la philosophie naturelle, Laplace raconte, immortelle histoire, la suite de ses découvertes astronomiques. Il dit la cause des étonnantes irrégularités de Jupiter et de Saturne, autrefois cherchée si loin par Halley, Euler et Lagrange, simplement restituée d'un trait de son génie à l'attraction des deux planètes l'une sur l'autre; il dit les perturbations du mouvement de la lune, expliquées, grâce à lui, par l'ellipticité du sphéroïde terrestre; son équation séculaire, montrée soumise à l'action du soleil, combinée avec la variation séculaire de l'excentricité de l'orbe du globe, et par une conséquence, qui est une vue nouvelle, les équations séculaires des mouvements des nœuds et du périgée de l'orbite lunaire, pour la première fois reconnues; il dit la loi étonnante des mouvements moyens des trois premiers satellites de Jupiter, ramenée en corollaire au grand théorème de Newton; la température de la terre, démontrée constante contre les hypothèses de Buffon et de Bailly pendant une période de deux mille ans; il dit enfin l'instabilité de l'équilibre des mers, réglée par la toute-puissance d'une de ses formules mathématiques. Un lien bien faible rattache cette digression sublime au corps de l'ouvrage, et la théorie analytique des probabilités a peu contribué à ces grandes découvertes; mais en quelque lieu qu'on les rencontre, comment se plaindre de ces récits des conquêtes de l'intelligence, « délices des êtres pensants[1]? » L'*Essai* enfin se termine par trois chapitres accessoires, tous les trois d'un grand intérêt, et qui le complètent en

[1] On sait que cette belle expression est de Laplace lui-même.

même temps qu'ils l'éclairent : le premier sur les illusions dans l'estime des probabilités, étude de psychologie d'une rare finesse, qui montre que si Laplace eût été élevé à une école philosophique plus impartiale et plus savante, il aurait pu aussi bien peut-être étonner le monde en métaphysique qu'en algèbre ; le deuxième, sur les divers moyens d'approcher de la certitude, chapitre plus remarquable encore que le précédent, où ce grand homme se livre, sur les principes et l'usage de l'induction, de l'analogie et de l'hypothèse, à des considérations qui laissent fort loin les pages les plus vantées du *Novum Organum ;* le troisième enfin consacré à une notice historique du Calcul des probabilités, où, malgré la brièveté de certains endroits d'importance et quelques omissions [1] regrettables, Laplace, en quelques pages, caractérise avec une autorité qui n'appartenait qu'à lui les travaux des principaux géomètres qui l'ont devancé dans l'étude et l'histoire de la théorie des hasards.

Le succès de ce bel ouvrage fut aussi prompt que mérité : en peu de jours l'*Essai philosophique* fut entre les mains de tous les publicistes

[1] Il ne dit par exemple rien de Price. Mais la plus singulière de ces prétermissions est celle de Condorcet, à qui d'ailleurs il n'a jamais fait nulle part l'honneur de le citer.

et de tous les géomètres de l'Europe. Une popularité immense en résulta bientôt pour le Calcul des probabilités ; quantité de gens à l'esprit desquels l'algèbre était à jamais fermée, furent à la fois charmés et surpris de pouvoir étudier dans une traduction en langue vulgaire d'une pureté, d'une élégance et d'une élévation de style accomplies, les principes d'une science reléguée jusque-là dans d'inaccessibles mémoires de métaphysique et d'analyse; on sut un gré infini à Laplace d'avoir abaissé un peu ces sublimes hauteurs, et d'avoir appelé le vulgaire même à pénétrer et à entendre des matières auparavant réservées à l'intelligence des sages.

Une autorité considérable qui depuis n'a fait que s'accroître [1], s'attacha dès l'origine à cette publication. L'influence en dure encore au moment où nous écrivons ces lignes, et une longue postérité en ressentira les effets.

Laplace dans la *Théorie analytique* avait terminé toute une époque : il en avait fini, si je puis ainsi dire, avec le passé entier de l'Analyse des hasards; il avait élevé à ce passé un monument immortel, témoignage et dépôt de ses connaissances et de son génie; dans l'*Essai philosophi-*

[1] L'*Essai* en 1840 en était déjà à sa sixième édition.

que, il poursuivait un dessein différent : après avoir clos toute une ère écoulée, il en ouvrait une nouvelle. L'*Essai* était la charte des âges à venir, comme la *Théorie analytique* avait été la conclusion des âges accomplis.

Cette charte dont les générations qui ont hérité des idées du grand géomètre, sont encore occupées à remplir les promesses, avait été conçue dans un esprit aussi profond que calculé.

Dans ses vastes études sur les antécédents de la théorie des hasards, Laplace avait été surtout frappé de deux choses, de l'indispensable nécessité où était cette théorie de sortir du domaine exclusif de la métaphysique et de l'algèbre pour trouver les matériaux qui alimentaient son usage, et par suite, de l'importance extrême qu'il y avait pour elle à se rendre accessible et à se communiquer, afin que les philosophes qui cultivaient les différentes sciences qu'elle prétendait envahir, économie civile, politique et sociale, législation, jurisprudence, logique, histoire et le reste, parvenant à comprendre la flexibilité et l'étendue des usages de l'analyse, travaillassent chacun à lui ouvrir l'entrée de leurs études.

L'*Essai philosophique* avait été composé en conséquence. Ce n'était rien au fond qu'un appel éclatant aux gens instruits de toutes les classes, depuis les philosophes jusqu'aux statisticiens, d'avoir sérieusement en vue désormais dans toute l'étendue de leurs recherches, les secours immenses qu'ils pouvaient y recevoir du Calcul des probabilités.

L'*Essai* est plein de cet appel : il n'y a pas une phrase qui n'y soit écrite dans le but d'en proclamer l'urgence et l'avenir; l'ouvrage entier respire la conviction profonde de son opportunité et de son importance. Quelquefois, comme s'il craignait que son ardent et magnifique apostolat ne fût pas clairement compris, Laplace s'arrête et prenant la parole en son nom [1], convie expressément les particuliers et les États à ne pas négliger dorénavant une science qui peut-être un jour changera la face du système des connaissances humaines, à concourir de tous leurs efforts à la perfection de ses théories, à l'extension de ses usages, à l'enseignement public de ses méthodes et de ses principes.

Mais il est surtout deux recommandations sur lesquelles il insiste, recommandations d'une très-grande importance, et qui ont toute la valeur d'un événement dans l'histoire du Calcul des hasards, car elles ont été depuis l'origine et la règle des travaux qui s'y sont succédé.

[1] Voyez surtout la fin de l'*Essai*.

Laplace veut qu'on applique désormais sans hésitation et sans crainte les principes mathématiques de la théorie des chances à l'économie civile d'abord et aux sciences politiques et morales ensuite. Il ne voit que résistance inutile et dangereuse aux effets inévitables [1] du progrès des lumières, dans la circonspection timide de ceux qui craindraient d'engager dans ces riches et vastes carrières, la fortune de méthodes qui ont procuré à l'intelligence humaine de si belles connaissances mathématiques et naturelles. Il promet enfin aux sociétés où les gouvernements, les académies et les citoyens entreprendront ces études, les améliorations les plus précieuses de bien-être et de moralité publique.

Les vœux de l'illustre géomètre sont fort éloignés encore d'être universellement remplis, et l'avenir seul dira s'ils peuvent même sans exception, l'être tous; mais une partie déjà a été exaucée, la satisfaction de quelques autres a été ardemment poursuivie, et lui-même, avant de quitter ce monde, a pu jouir des premiers résultats de la grande impulsion qu'il avait imprimée, et croire à la vue des travaux de toutes parts entrepris sur la foi de sa parole, qu'un jour à venir,

[1] Voyez l'*Essai*, p. 135.

ses plus hardies espérances elles-mêmes seraient enfin réalisées.

Nous touchons ici aux origines de l'histoire contemporaine : la génération au milieu de laquelle nous passons, continue encore sous nos yeux les vastes recherches auxquelles depuis 1814, tout ce que la géométrie, l'économie, la statistique ont produit de savants, s'est à quelques rares exceptions près, confiant dans le génie de Laplace, religieusement consacré. Il faudrait, pour décrire avec détail les nombreux événements de cette nouvelle et suprême époque, mêler à nos récits les noms d'hommes considérables, encore vivants, pour lesquels la postérité n'est pas encore venue; nous n'entreprendrons pas cette tâche prématurée : nous nous bornerons seulement pour conduire jusqu'à nos jours les annales de la théorie des hasards, à esquisser à grands traits le caractère de sa dernière période.

Les applications du Calcul des probabilités à l'économie civile et politique, furent les premières qui séduisirent toute l'école suscitée par Laplace, et d'un consentement tacite, on sembla ajourner la conquête des sciences morales. On avait déjà vu ce phénomène intellectuel remarquable se produire par deux fois dans l'histoire de l'Analyse des hasards : une première fois, en 1713, à la mort de Bernoulli qui lui aussi avait, on s'en souvient assez, désigné au calcul auquel il venait de donner ses bases, les deux mondes de la société et de la nature; une deuxième en 1760, quand la grande école mathématique du XVIIIe siècle, ayant suffisamment confirmé la théorie et assoupli l'analyse de la science des hasards, eut rendu possible l'exécution des projets de l'*Ars conjectandi*. Les mêmes causes amenèrent en 1814 précisément les mêmes effets : alors comme en 1713 et comme en 1760, la plus grande facilité des études de simple économie civile, les ressources considérables qu'on possédait déjà pour de pareilles études, ce que leur entreprise avait de moins nouveau et de moins hardi, les firent généralement préférer au dessein effrayant pour beaucoup d'esprits de soumettre à l'analyse, des faits de l'ordre moral, faits dépendants aussi bien dans l'état de société que dans l'isolement le plus abstrait des déterminations incalculables de la liberté humaine.

Cette troisième reprise des applications de la science mathématique des hasards aux événements de l'ordre civil, eut en France ses origines et son plus grand développement.

Elle y détermina deux grands faits dont l'équitable postérité devra tenir éternellement compte aux progrès de cette savante et utile analyse : ce fut l'établissement définitif des assurances sur la vie et l'abolition de la loterie.

Conquêtes immortelles de l'esprit des mathématiques sur l'ignorance des particuliers et l'immoralité des pouvoirs publics! Quand le Calcul des hasards n'aurait jamais eu d'autre résultat que de substituer à l'odieuse pratique de la loterie, l'institution des assurances, il faudrait bénir à jamais la fortune qui mena chez Pascal l'oisif qui lui en donna les premières idées. C'est beaucoup sans doute que de perfectionner en lui-même cet « art des arts qui est l'art de penser[1]; » mais quand à ces perfectionnements abstraits, les progrès d'une science finissent par joindre des perfectionnements d'usage public, quand cette science ne crée pas seulement des théories, mais des institutions, quand de cette même main qui calcula dans l'étendue la marche régulière que devra parcourir l'orbite à jamais réglée d'un monde, le géomètre analysant les conditions de problèmes moins vastes, mais plus utiles, fait jaillir de son analyse la démonstration de vérités dont l'irrésistible évidence change les mœurs de toute une société, ce n'est plus une sèche et

[1] On sait que ces expressions sont de Leibnitz.

froide admiration d'esprit qui suffit à acquitter la dette des générations plus heureuses; il faut qu'elles payent d'un plus haut prix ces inappréciables services, elles doivent à la mémoire de tous les hommes qui ont concouru à améliorer ainsi le bien-être et le caractère publics, un pieux et long souvenir de reconnaissance et d'amour.

La génération qui assista à la chute de l'Empire et à l'élévation au trône de la maison d'Orléans, vit dans un espace de quinze années environ, s'accomplir, grâce aux travaux et aux instances des géomètres et des économistes versés dans l'Analyse des hasards, les deux grands progrès de raison et de moralité sociales que nous signalons ici. Le Calcul des probabilités en France avait eu des jours plus glorieux peut-être, il n'en eut jamais de mieux faits pour honorer son histoire.

Au récit de ces nobles conquêtes de la théorie des hasards, il convient de joindre ici la mention d'une tentative considérable d'application à une science naturelle qu'elle avait négligée jusque-là et dont enfin, d'après le vœu de Laplace, elle a hardiment essayé la conquête, nous voulons dire la médecine.

C'est encore la France, et dans ces dernières

années surtout, qui a été le principal théâtre de cette nouvelle épreuve. D'éminents praticiens, prenant à la lettre une des plus pressantes recommandations de l'*Essai*[1], ont cherché à reconnaître le meilleur des traitements en usage dans le cours des maladies, non plus comme autrefois seulement par l'emploi combiné de l'expérience et de la raison, mais par les procédés rigoureux du Calcul des probabilités, et on les a vus, s'efforçant autant que possible de rendre toutes les circonstances de sujet, de temps, de lieu et le reste, exactement semblables, éprouver sur une multitude donnée de malades, l'efficacité comparative de différents remèdes et mesurer leur degré d'utilité probable au nombre précis de guérisons obtenues. Cette innovation, il est vrai, a été hautement combattue par d'autres praticiens d'une grande autorité, et les tentatives de ses partisans ont soulevé au sein de l'Académie de médecine, un débat des plus vifs, dont les procès-verbaux[2] témoignent du moins que

[1] *Essai*, p. 134.

[2] Voyez le *Recueil de l'Acad. de médecine*, avril-juin 1837. Un rapport de M. Andral donna incidemment lieu à cette discussion. Elle fut ouverte par la lecture d'un savant et fort spirituel *Mémoire sur le Calcul des probabilités appliqué à la médecine*, de M. Risueño d'Amador, professeur de pathologie à la faculté de Montpellier. Les membres les plus illustres de la compagnie prirent part au

l'introduction de la langue et des procédés de l'analyse dans le domaine de la thérapeutique, est loin d'être universellement regardée comme favorable aux progrès de la science; mais, malgré cet orage, l'audacieuse parole de Laplace a porté ses fruits, et toute une école de médecins de nos jours, continue de regarder la substitution du calcul à l'induction ordinaire dans l'observation des phénomènes pathologiques, comme la suprême espérance de l'art de guérir.

La reprise des applications du Calcul des probabilités aux événements de l'ordre moral, ajournée, comme nous avons vu, par la génération des géomètres contemporains de Laplace, dans le sentiment unanime et secret qu'elle eut de ses difficultés et de sa hardiesse, a succédé elle-même enfin, dans ces dernières années, aux différents travaux comparativement plus accessibles dont nous venons en quelques mots de consacrer le souvenir.

débat. MM. Bouillaud, Louis, Chomel, Rayer, se déclarèrent pour l'utilité de l'application du calcul à la thérapeutique. M. Louis alla jusqu'à dire (séance du 28 mai) que là était « l'espoir de la médecine. » MM. Piorry, Bousquet, Cruveilhier, Dubois d'Amiens, Double, s'élevèrent avec beaucoup de force contre ce système. On remarqua surtout le discours que prononça à ce sujet M. Double, de l'Institut, discours plein de savoir et d'éloquence, qui semble avoir, en principe du moins, décidé la question.

Une publication considérable commencée par un des derniers ministres[1] de la restauration, et que le gouvernement français a depuis continuée en l'augmentant et en la perfectionnant sans cesse, a imprimé, il y a environ quinze ans, cette direction nouvelle à la science mathématique des hasards.

Nous voulons parler des *Comptes généraux de la justice civile et criminelle en France,* qui forment aujourd'hui la collection statistique de documents judiciaires la plus vaste et la plus exacte assurément qu'aucun publiciste ait jamais eu la faculté de compulser et de lire.

Il n'est aucune personne, pour peu qu'elle soit versée dans les études d'économie politique, qui n'ait tenu entre ses mains ces immenses et curieux tableaux, où les nombres proportionnels des différents genres de contestations des particuliers entre eux et des diverses sortes de crimes produits par la société pendant un laps de temps déterminé, se trouvent successivement inscrits en longues séries de colonnes synoptiques qui semblent comme autant de thermomètres de la passion et de la moralité des peuples. Ils sont aujourd'hui fort consultés en

[1] M. de Peyronnet, en 1825.

France, et tous les ans les singulières révélations qu'ils mettent au jour sur l'influence comparative de la sévérité des lois dans les différentes provinces, sur les vices et l'insuffisance de la législation, d'une part, et de l'administration de la justice, de l'autre, mûrissent lentement dans l'opinion générale l'initiative d'importantes réformes.

Aussitôt que les premiers parurent, ils attirèrent d'abord l'attention de tous les mathématiciens, qui à l'école de Laplace, avaient été nourris dans la vieille et immuable idée, de reprendre un jour la suite des applications du Calcul des probabilités aux événements de l'ordre moral, au point où s'était jadis arrêté Condorcet, et de reculer bien au delà de ce qu'il avait osé en ce genre, la limite des connaissances et des travaux de l'analyse. La publication des *Comptes généraux* sembla une occasion propice. A l'aide de ces vastes recueils de faits qui venaient inopinément jeter tant de jour sur le passé moral d'une grande société, on crut bientôt qu'il n'y aurait désormais rien de bien difficile, à calculer la probabilité des événements que la suite des révolutions y devait un jour amener; les temps prédits par l'auteur de l'*Essai sur la probabilité des décisions* et par celui de la *Théorie analytique* parurent définitivement accomplis, et nul ne douta plus que les sciences morales ne fussent désormais la conquête assurée de la théorie des hasards.

Un grand géomètre, élève de prédilection de Laplace, et l'un des hommes les plus capables de continuer par son génie les immortelles traditions de son maître, feu M. Poisson, ouvrit avec une incontestable puissance, cette ère attendue et nouvelle par ses fameuses *Recherches sur la probabilité des jugements en matière criminelle et en matière civile* [1], l'ouvrage le plus considérable par l'originalité des vues, la hardiesse des inductions et la sublimité de l'analyse, que depuis la *Théorie analytique,* le Calcul des probabilités ait encore produit.

M. Poisson, dans cette vaste composition, après avoir passé en revue à peu près tout ce que le passé de la science mathématique des hasards avait fourni de théorie, d'analyse et d'usages [2],

[1] Grand in-4°, 1837.

[2] Y compris le passé de ses propres travaux, qui consistaient en quatre Mémoires très-importants *Sur le trente et quarante*, *Sur l'avantage du banquier au pharaon* (Gergonne, *Ann. de math.*, t. XIII et XVI), et *Sur la proportion des naissances masculines et féminines* (*Annuaire* de 1825 et *Mém. de l'Acad. des sciences,* t. IX), qu'il a d'ailleurs entièrement fondus dans les premiers chapitres de ses *Recherches.*

reprend la grande entreprise de l'emploi du calcul à la détermination des probabilités morales, dans l'état où l'ont avant lui laissée Condorcet et Laplace, mais à un point de vue tout nouveau et singulièrement remarquable.

M. Poisson, en effet, commence par déclarer que la théorie analytique des hasards dans ses applications à l'estime de la justesse probable des décisions des tribunaux, se propose de déterminer, non pas la vraisemblance des erreurs de ces décisions, mais de ce qu'il appelle leur opportunité. Il explique très-clairement cette distinction. Suivant lui, dans les jugements criminels par exemple, qui sont l'objet principal de son livre, quand un juré prononce qu'un accusé est ou n'est pas coupable, le sens réel de son vote n'est pas qu'il croie ou ne croie pas cet accusé innocent, ce sens réel est qu'il le juge ou ne le juge pas condamnable, c'est-à-dire que selon les charges de l'instruction et les lumières qui résultent de la contradiction des débats, il pense qu'il y a lieu dans l'intérêt de la sécurité publique à punir le crime commis et à en prévenir par une condamnation le retour, ou bien au contraire qu'il n'y a qu'un danger très-minime pour la société à supporter les chances de l'acquittement. L'Analyse des hasards dans ce système, a pour objet, à l'aide des documents fournis par la statistique, de déterminer exactement la probabilité de la justesse des décisions judiciaires à venir, tant pour chacun des accusés nouveaux de qui le sort en dépendra, que pour la société qui sera appelée à déclarer si leur mise en liberté est, ou non, sans danger pour le maintien de ses institutions et de ses lois.

L'habile géomètre aperçut bientôt cependant que pour rendre possible un usage aussi hardi du Calcul des probabilités, il fallait nécessairement mettre ce calcul en possession d'un principe qui lui manquait encore. Comment, en effet, parvenir à reconnaître le rapport exact des événements divers qu'une cause aussi capricieuse que la volonté de l'homme peut indifféremment arriver à produire? A l'aide de la célèbre règle de Bernoulli, on pouvait bien sans doute, s'élever dans la sphère mathématiquement réglée de la nature, de l'observation prolongée des événements accomplis, au calcul des événements à venir; mais dans le monde moral, si partagé et s agité par les intérêts et les passions, comment arriver à donner une base suffisante aux prévisions de l'analyse?

M. Poisson a inventé à cet effet un principe nouveau d'une plus grande portée que celui de l'*Ars conjectandi* et qu'il a appelé la *Loi des grands nombres*.

Les choses de toute nature, aussi bien celles de l'ordre moral que celles de l'ordre physique, sont suivant lui soumises à cette loi universelle dont voici à peu près l'énoncé: si l'on observe des nombres très-considérables d'événements d'un même ordre, dépendants de causes constantes et de causes, qui ainsi qu'il arrive dans le monde moral, varient irrégulièrement tantôt dans un sens, tantôt dans un autre, et sans que leur variation soit progressive dans aucun sens déterminé, les amplitudes des effets irréguliers produits par les causes variables se resserreront de plus en plus à mesure que la série des expériences se prolongera, et le rapport des événements observés parviendra sensiblement à la permanence, l'atteindra même en toute rigueur, si l'on multiplie suffisamment les épreuves. Ce théorème, philosophiquement très-remarquable[1], sert de fondement à toutes les recherches de M. Poisson sur la probabilité des jugements, et il le donne

[1] M. Poisson en a donné d'ailleurs une démonstration analytique (*Recherches*, chap. III et IV) à laquelle il attachait avec raison un grand prix (*Comptes rendus de l'Acad. des sciences*, séance du 11 avril 1836), et qui est une des belles productions de l'Algèbre moderne.

comme la clef universelle de la théorie des hasards dans ses applications aux choses de l'ordre moral.

Il n'a reculé, ce principe à la main, devant la détermination, si périlleuse qu'elle fût, de la vraisemblance mathématique d'aucune décision humaine. Les plus compliquées, les plus livrées aux vents et aux caprices de l'opinion, de la passion et de l'intérêt, lui ont paru susceptibles, en vertu et à l'aide de sa *Loi des grands nombres,* d'être analysées et jugées avec la dernière rigueur, et on lit dans les *Recherches sur la probabilité des jugements,* des formules numériques déduites par l'analyse de l'observation d'un très-grand nombre de jugements passés, qui ont pour objet, l'expression de la vraisemblance précise pour tout citoyen, d'être dans l'avenir sous l'empire d'une même législation, accusé, condamné ou absous.

Hardiesse à peine croyable en deçà de laquelle étaient restés Laplace et Condorcet lui-même !

Le succès du livre de M. Poisson dans toute l'école de Laplace, son maître, fut aussi rapide qu'incontesté. Les esprits, universellement préparés déjà par les travaux de Condorcet et les hardiesses de la *Théorie analytique* à ces extraordinaires études, ne virent, dans les *Recherches sur la probabilité des jugements,* que la prise de possession définitive d'un domaine de tout temps promis à la science mathématique des hasards, et la démonstration éclatante de ce fait inouï sans doute, mais désormais irrécusable, de la légitimité et de la fécondité de l'usage de l'algèbre en législation, en jurisprudence et en économie sociale et politique.

Telle fut, dans toute la géométrie du moins, l'impression à la fois la plus généralement ressentie et la plus généralement exprimée.

Le sentiment commun cependant fut loin à cet égard de se montrer unanime, et la valeur de l'entreprise de M. Poisson, comme autrefois celle des premières tentatives de Daniel Bernoulli, et plus tard des travaux de Condorcet, fut vivement contestée par des savants de tous les ordres, dont la protestation se produisit avec un imposant caractère d'autorité, de logique et d'ensemble.

Des mathématiciens eux-mêmes et du premier mérite, se séparant avec éclat, chose inouïe jusqu'alors dans les annales de la théorie des chances, de l'opinion universellement admise en mathématiques, qu'il n'était aucun jugement de probabilité, de quelque nature qu'il pût être, qui ne fût réduisible en calcul, soulevèrent à ce sujet, au sein de l'Académie des sciences, un débat contradictoire[1] où M. Poisson et ses amis furent directement accusés de compromettre dans des aventures indignes de la gravité de la science, la séculaire renommée de la géométrie. On entendit M. Ch. Dupin, au nom des sections d'Analyse et d'Économie réunies, taxer l'application du calcul à l'estime de la probabilité des jugements, de fausseté et d'impuissance, et M. Poinsot, plus énergique encore, aller jusqu'à dire que l'entreprise lui en paraissait « une sorte d'aberration de l'esprit[2]. »

L'école philosophique tout entière adopta, et si je puis ainsi dire, arbora ces conclusions. Dix années auparavant déjà, Royer-Collard, succédant à Laplace à l'Académie française, n'avait point hésité, jusque dans l'éloquent panégyrique qu'il avait fait de ce grand homme, d'exprimer sur la valeur de l'emploi de l'algèbre à la détermination des vraisemblances morales, un blâme énergique et précis[3]. En 1831, M. de Broglie, à

[1] Voyez les *Comptes rendus de l'Acad. des sciences,* année 1836, séances des 11 et 18 avril.

[2] *Ibid.,* séance du 18.

[3] Nous avons fait de la phrase qui contient ce blâme l'épigraphe de la *Thèse* qui va suivre, et dont ce récit est l'introduction et la matière.

la Chambre des Pairs, rapporteur d'une loi sur la majorité exigible pour les condamnations par le jury, sujet autrefois soumis au calcul par l'immortel auteur de la *Théorie analytique,* avait, appréciant[1] en philosophe et en homme d'État la valeur des conséquences où le grand géomètre avait été conduit, laissé tomber sur la légitimité des principes qui avaient porté ces conclusions, un de ces doutes raisonnés qu'une théorie est obligée de détruire pour avoir le droit de les mépriser. A l'apparition des *Recherches sur la probabilité des jugements,* et au bruit de la controverse que cette publication suscita au sein de l'Académie des sciences, tous les philosophes se soulevèrent, et l'école unanime protesta[2], au nom des droits sacrés de la liberté humaine, contre la prétention affichée par les géomètres de calculer le retour des événements de l'ordre moral.

M. Poisson répondit à l'Académie des sciences comme avait fait autrefois Condorcet, en en appelant à la décision de l'avenir, et en soutenant contre ses adversaires qu'il accusait de se borner

[1] Voyez le *Moniteur* de 1831, p. 263.

[2] Cette protestation n'est guère sortie de l'enceinte de l'école. M. Cousin l'a exprimée toutefois avec une rare éloquence, 1re *série*, t. IV, p. 170, sq. de son *Cours*.

à de vagues considérations générales, la justesse de ses calculs et la conformité des résultats où ils l'avaient conduit avec ceux que donnent tous les jours l'expérience et le bon sens. La controverse s'épuisa avec ses dernières répliques, et la plupart des géomètres les déclarèrent sans appel.

Il ne resta de son livre dans l'imagination publique, que le principe à tout jamais acquis au dépôt des connaissances humaines, de la légitimité des usages du calcul dans les sciences politiques et morales, et aux yeux de la plupart des géomètres aujourd'hui, les *Recherches sur la probabilité des jugements*, ont mis ce point dans une lumière que le scepticisme seul pourrait être tenté d'obscurcir.

Cette confiance extraordinaire devait avoir pour résultat de donner à l'étude des applications de l'analyse aux sciences morales une popularité considérable.

C'est ce fruit qu'en effet elle a porté, et de toutes parts l'école mathématique française est entrée à la suite de M. Poisson dans la voie que son ouvrage a rouverte.

Elle y a même fait depuis un très-grand pas de plus.

On se rappelle ce projet de science que Condorcet autrefois avait encore trouvé le temps de rédiger au milieu des dernières et cruelles agitations de sa vie politique, on se rappelle cette *Mathématique sociale,* comme il l'appelait, évangile des peuples nouveaux qu'il méditait de laisser après lui : tout un monde de statisticiens et de publicistes, enhardi par l'exemple de l'illustre auteur des *Recherches sur les jugements,* a entrepris de réaliser l'étonnant dessein de Condorcet. Au moment où nous traçons ces lignes, cette entreprise est dans tout l'éclat de son cours d'exécution. A l'aide des vastes recueils d'observations publiés sous le titre de *Comptes généraux de la justice civile et criminelle,* par le gouvernement français, des savants aussi hardis que laborieux s'efforcent de lire à l'avance dans l'état du passé judiciaire de notre pays, l'avenir probable de moralité que la Providence lui réserve : la liberté humaine n'est plus considérée par ces audacieux penseurs que comme une force inconstante et variable, dont l'action irrégulière ne peut causer que des perturbations éloignées et insensibles dans le système de la mécanique sociale, et dont un grand nombre d'observations permet d'apprécier en rigueur les déréglements et les désordres. Sur ces fondements, l'étrange mathématique conçue par Condorcet, tous les jours, sous nos yeux, s'élabore et s'élève[1], et déjà des traités où l'économie se mêle à l'analyse, offrent à l'étonnement public des tableaux inouïs, où pour parler un moment l'expressif langage des novateurs, le budget de la moralité future des peuples, le contingent comparatif de crimes et de vertus, que d'après l'expérience de leur passé, ils doivent à l'histoire de leur avenir, est d'avance exposé aux regards des contemporains.

C'est vers ces perspectives inconnues que le Calcul des probabilités tourne aujourd'hui ses espérances. Conclusion admirable, sans doute, des travaux d'une science dont une difficulté de jeu fut le berceau, et qui, en deux siècles à peine, s'est élevée du néant de son origine à la grandeur de pareilles entreprises! S'il est dans l'histoire de nos connaissances un endroit d'où le philosophe se puisse donner dans toute son

[1] On prendra une idée du développement considérable qu'ont déjà acquis ces sortes de travaux dans les différents ouvrages du célèbre statisticien belge, M. Quételet, le plus convaincu et le plus entreprenant des partisans de ce système :

1829. *Recherches statistiques sur le royaume des Pays-Bas.*

1831. *Recherches sur le penchant au crime aux différents âges* (insérées dans les *Nouv. Mém. de l'Acad. de Bruxelles*, t. VII).

1835. *Essai de physique sociale.*

1846. *Lettres à S. A. R. le duc régnant de Saxe-Cobourg*, etc.

1848. *Du système social et des lois qui le régissent.*

étendue le spectacle de la puissance, de la fécondité et de l'ambition sans limites de la pensée de l'homme, c'est assurément de ce faîte des merveilleuses annales que nous venons de raconter.

THÈSE

« La science géométrique de l'Univers diffère de la science morale de l'Homme : celle-ci a d'autres principes plus mystérieux et plus compliqués, devant lesquels la Géométrie s'arrête. »

ROYER-COLLARD.

Discours de réception à l'Académie française.

Le récit qu'on vient de lire n'est guère qu'une simple esquisse de l'existence historique du Calcul des probabilités.

Si rapide et si abrégé cependant qu'il puisse être, il représente cette existence avec assez d'exactitude et d'étendue pour en donner au moins l'idée universelle.

On y a suivi les destinées de la savante Analyse, depuis ses plus faibles origines jusqu'aux derniers moments de son histoire : on a vu les circonstances surprenantes de sa découverte, le long oubli où d'abord l'indifférence publique la délaissa, son réveil et son établissement avec l'aîné des Bernoulli, quelles vastes perspectives s'ouvrirent alors à sa fortune naissante, le XVIIIe siècle consacrant quatre-vingts années à l'organiser en corps de science, comment une génération de statisticiens et d'érudits rassembla d'abord les matériaux qui devaient faire l'objet de ses premières études, comment ensuite une immortelle période de spéculations mathématiques en féconda les principes et en multiplia les méthodes, l'heureux succès de ces longues veilles et l'algèbre enhardie, envahissant à la fois les sciences naturelles, les sciences politiques et les sciences morales; le XIXe siècle héritant à son tour du fruit de ces conquêtes : Laplace, occupé de la gloire et des besoins de deux âges, élevant d'une main l'encyclopédie des travaux du passé, ouvrant de l'autre une ère immense aux recherches de l'avenir; cet avenir enfin lui-même inaugurant hardiment ses annales, les plus grandes tentatives du siècle précédent, reprises et continuées, et les générations nouvelles, remplies de foi et d'espérance, parlant de porter le flambeau de la géométrie jusque dans le dédale de l'économie publique et la nuit de l'avenir des peuples.

On a maintenant le Calcul des probabilités tout entier sous les yeux.

On propose à présent, les regards fixés sur son histoire, de discuter la solidité des *Définitions* sur lesquelles il se fonde, des *Principes* dont il fait usage, des *Applications* où il se porte, et de la *Théorie mathématique* qu'il a créée. C'est l'objet de la THÈSE que l'on soumet à l'indulgente appréciation et à l'examen contradictoire de la Faculté.

Cette matière est fort vaste : elle peut donner naissance à une multitude de questions fort nouvelles et fort difficiles, dont il n'appartient à l'auteur de ce travail ni de circonscrire les limites ni de définir à l'avance la nature et le caractère. Le Règlement du Conseil de l'Université et la Circulaire de M. le Ministre de l'instruction publique, en date des 17 et 19 juillet 1840, ont, à cet égard, établi en principe la souveraineté absolue de la Faculté. Le candidat s'efforcera, dans la mesure de ses connaissances, de satisfaire à l'équitable sévérité de ses juges.

En dehors cependant des conditions imprévues de cet examen, le candidat s'engage à démontrer publiquement les six propositions générales que voici :

PREMIÈRE PROPOSITION.

La Théorie philosophique imaginée par Jacques Bernoulli et sur laquelle, depuis ce grand géomètre, le Calcul des probabilités repose, est fausse.

DEUXIÈME PROPOSITION.

Le Principe inventé par Jacques Bernoulli et perfectionné par de Moivre, qui porte dans la science le nom de *Principe de la Multiplication indéfinie des événements ;*

Le Principe entrevu par Bayes et analytiquement démontré par Laplace, qui consiste à conclure la probabilité des causes et de leur action future de la simple observation des événements passés ;

Le Principe enfin découvert par M. Poisson et appelé par lui, *Loi des grands nombres :*

Ne sont d'usage, que dans un système supposé de choses, où

1° La numération est possible ;

2° La fatalité la plus absolue, et non pas seulement une simple constance observée et probable, enchaîne les effets aux causes et les causes aux effets ;

3° Où enfin, les événements ne se succèdent pas seulement les uns aux autres à des intervalles inégaux, suivant certaines lois préétablies et observables, mais où ils réapparaissent régulièrement, sous l'influence constatée de ces lois, aux mêmes périodes et de la même manière.

TROISIÈME PROPOSITION.

En principe, le Calcul des probabilités est applicable dans l'ordre des choses physiques ; — cependant, cette application cesse d'être d'aucun usage, quand la numération universelle des événements physiques, objet du calcul, ne peut s'effectuer ni absolument ni approximativement ; — en second lieu, il y a exception pour la médecine ou thérapeutique, à laquelle l'Algèbre des hasards est complétement inapplicable.

QUATRIÈME PROPOSITION.

L'application du Calcul des probabilités aux sciences morales, et notamment à la critique historique, à la jurisprudence, à la législation, à l'économie sociale, à la métaphysique, est une des plus grandes erreurs où soit tombé l'esprit humain.

CINQUIÈME PROPOSITION.

La Théorie analytique des probabilités, considérée en elle-même, et abstraction faite des données philosophiques qu'elle présuppose et du sujet sur lequel elle opère, est aussi juste que l'algèbre ordinaire, et son invention est un des plus grands efforts du génie des mathématiques; — mais elle ne conduit à des résultats utiles que dans le petit nombre de matières où la vraisemblance des opinions humaines est appréciable au calcul.

SIXIÈME PROPOSITION.

Le Calcul des probabilités est une science dont les définitions sont encore à écrire, les principes à expliquer, les applications à restreindre, et toute l'organisation à fonder : la partie mathématique seule mérite d'en être entièrement conservée.

FIN.

Vu et lu,

A Paris, en Sorbonne, le 12 juillet 1848, par le Doyen de la Faculté des lettres de Paris,

J. Vict. Le CLERC.

www.ingramcontent.com/pod-product-compliance
Ingram Content Group UK Ltd.
Pitfield, Milton Keynes, MK11 3LW, UK
UKHW020336230726
13925UKWH00002B/817

9 782013 559096